数学与人文 · 第三十二辑

Mathematics & Humanities

主 编　丘成桐　杨　乐

副主编　张英伯

　　　　张顺燕

ZHONGWAI SHUXUE JIAOYU ZONGHENGTAN

中外数学教育纵横谈

高等教育出版社 · 北京

International Press

内 容 简 介

　　《数学与人文》丛书第三十二辑将继续着力贯彻"让数学成为国人文化的一部分"的宗旨，展示数学丰富多彩的方面。

　　本辑共分 3 个栏目，包含了 13 篇文章。"专稿"栏目收录了丘成桐先生的"中国的高等教育"以及杨乐院士的"几点史实的澄清"。"数学的教与学"栏目刊载了张顺燕教授的文章"数学文化与数学教育"、朱富海教授的文章"高中数学与大学数学"以及 Holger Dambeck 关于俄罗斯数学的文章。"融汇中西教育论坛"收录了 2019 年 6 月在北京师范大学举办的第一届"融汇中西教育论坛"会议的 8 个发言的文章。

　　我们期望本丛书能受到广大学生、教师和学者的关注和欢迎，期待读者对办好本丛书提出建议，更希望丛书能成为大家的良师益友。

丛书编委会

主　编 (按姓氏笔画排序):

丘成桐　杨　乐

副主编 (按姓氏笔画排序):

张英伯　张顺燕

责任编委:

王善平

丛书编辑部:

邓宇善

合作单位:

中国科学院晨兴数学中心

浙江大学数学科学研究中心

丘成桐数学科学中心

《数学与人文》丛书序言

丘成桐

《数学与人文》是一套国际化的数学普及丛书，我们将邀请当代第一流的中外科学家谈他们的研究经历和成功经验。活跃在研究前沿的数学家们将会用轻松的文笔，通俗地介绍数学各领域激动人心的最新进展、某个数学专题精彩曲折的发展历史以及数学在现代科学技术中的广泛应用。

数学是一门很有意义、很美丽、同时也很重要的科学。从实用来讲，数学遍及物理、工程、生物、化学和经济，甚至与社会科学有很密切的关系，数学为这些学科的发展提供了必不可少的工具；同时数学对于解释自然界的纷繁现象也具有基本的重要性；可是数学也兼具诗歌与散文的内在气质，所以数学是一门很特殊的学科。它既有文学性的方面，也有应用性的方面，也可以对于认识大自然做出贡献，我本人对这几方面都很感兴趣，探讨它们之间妙趣横生的关系，让我真正享受到了研究数学的乐趣。

我想不只数学家能够体会到这种美，作为一种基础理论，物理学家和工程师也可以体会到数学的美。用一种很简单的语言解释很繁复、很自然的现象，这是数学享有"科学皇后"地位的重要原因之一。我们在中学念过最简单的平面几何，由几个简单的公理能够推出很复杂的定理，同时每一步的推理又是完全没有错误的，这是一个很美妙的现象。进一步，我们可以用现代微积分甚至更高深的数学方法来描述大自然里面的所有现象。比如，面部表情或者衣服飘动等现象，我们可以用数学来描述；还有密码的问题、计算机的各种各样的问题都可以用数学来解释。以简驭繁，这是一种很美好的感觉，就好像我们能够从朴素的外在表现，得到美的感受。这是与文化艺术共通的语言，不单是数学才有的。一幅张大千或者齐白石的国画，寥寥几笔，栩栩如生的美景便跃然纸上。

很明显，我们国家领导人早已欣赏到数学的美和数学的重要性，在 2000 年，江泽民先生在澳门濠江中学提出一个几何命题：五角星的五角套上五个环后，环环相交的五个点必定共圆。此命题意义深远，海内外的数学家都极为欣赏这个高雅的几何命题，经过媒体的传播后，大大地激励了国人对数学的热情。我希望这套丛书也能够达到同样的效果，让数学成为我们国人文化的一部分，让我们的年轻人在中学念书时就懂得欣赏大自然的真和美。

前　言

张英伯

不知大家注意到没有，一些海外华人数学家、数学教师和数学教育家对中国数学教育的关心程度甚于国内的相关人士。事情不难理解，远离祖国，也许更加思念和关怀故土的一草一木。

沈乾若博士在北京大学读完大学一年级遭遇"文革"，"文革"后远渡重洋赴加拿大求学、谋生。我与沈博士相识有点偶然性——我们是北京师范大学附属女子中学的前后校友。记得 2017 年 6 月的一天，女附中的老校长王本中老师打来电话，让我去他家见一位校友。乾若很快到了，谈了一些美国、加拿大数学教育的糟糕现状，话里话外格外担心中国将会重蹈美加的覆辙。

乾若说她已经联络了美加的一些数学教育工作者，比如名扬全世界教育界的马力平、纽约市史岱文森高中前校长张洁、纽约市的高中前校长潘力、斯坦福大学和加州大学伯克利分校访问学者莲溪等，打算举行一个会议，把美加的教训告诉中国的数学教育界。王老师说那就在中国召开吧，我说行，中国比较有影响的师范院校有北师大、华师大，你愿意选择北京还是上海？

恰逢北京师范大学数学科学学院数学教育方向的曹一鸣教授准备召开一个国际数学教育研讨会，他很慷慨地接纳会议与自己的研讨齐头并进，并给予资助，一下子解决了会议的经费问题。于是我们将会址顺理成章地选在了北京，参会人员增添了中国的中小学数学教师和教育工作者。2019 年 6 月 28—30 日，第一届"融汇中西教育论坛"在北京师范大学如期举行，会议的 8 个发言收集在本专辑中。

本辑的专稿栏目刊登了丘成桐先生对高等教育的回忆与评论，以及杨乐先生对几点史实的澄清；专辑还刊登了北京大学张顺燕教授对于数学与数学教育相互关系的论述、南京大学朱富海教授多年从事代数教学的经验与体会以及介绍俄罗斯数学现状的一篇文章。

期待这样一本专辑会对数学界同仁有所启迪。

目　录

专稿

中国的高等教育

丘成桐

丘成桐，北京雁栖湖应用数学研究院院长，哈佛大学教授，清华大学教授，美国科学院院士，中国科学院外籍院士；菲尔兹奖、克拉福德奖、沃尔夫奖、马塞尔·格罗斯曼奖得主。

丘成桐先生（照片来源：清华大学丘成桐数学科学中心）

今天有机会和大家谈谈高等教育，我觉得很荣幸。首先要指出，我并不是这方面的专家，故此只能和各位分享个人的经验。我和史蒂夫·纳迪斯（Steve Nadis）合著的自传《我的几何人生》（*The Shape of a Life*）最近由耶鲁大学出版社出版了，中译本不久也会面世，书中记述了我对中国高等教育状况的一些反思。

大家知道，在过去四十年间，中国是世界上成长最快的经济实体。整体而言，中国在基建、工业基地以及科技水平等方面已经有了翻天覆地的变化。然而，中国在高等教育领域仍然落后于西方世界。依我来看，这个问题很大一部分是源于文化上的积习。

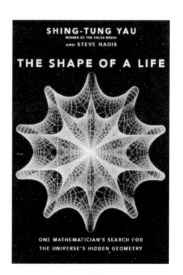

封面

　　我出生于内地，在香港长大。在我的成长过程中，最大的影响来自我的父母。父亲在大学教授历史和哲学，同时也长于中国文学和诗词。母亲则一心一意照顾家庭，使孩子尽可能接受最好的教育。

　　我小时候并不特别优秀，5 岁时第一次数学考试考得不好；11 岁时，应该准备重要的中学入学考试，我却与一群孩子漫无目的地在街上闲晃。这段青少年的叛逆时期，代表了我的"低等"教育，而非"高等"教育。这虽不是我人生中值得骄傲的一章，但还是有价值的。我学会了如何随机应变，以及处理一些棘手的情况（包括与敌对"帮派"交锋）。我没有单纯地依循老师的训示，而是自己去解决困难。

　　父亲在我 14 岁时去世了。这对我和我的家人来说，都是难以承受的打击，甚至到了今天，每次念及，依然隐隐作痛。父亲的猝逝，催着我快点成熟，我不得不开始自己做规划，还要挣钱帮补家计。最重要的，是认识到我要好好读书，把握机会，始能成功。

父母结婚照　　　　　　　　　　与父亲合影，摄于汕头

　　在中国，家长对学生呵护备至，依我看来，是有点过头了。要学生茁壮成长，他们必须具有独立思考的能力，这样才能在他们所拣选的领域中做出新的贡献。然而，中国学生并没有获得足够的独立思考和工作的机会。中国要在学术世界的前列争一席位，这种情况必须改变。

　　我在香港中文大学崇基书院求学时，很幸运修读了史蒂芬·沙拉夫（Stephen Salaff）的数学课。他以"美式风格"（准确来说，应该是"伯克利式"）授课，鼓励同学参与，畅所欲言。起初，大家都不适应这种风格。一直以来，老师都要我们安静地听课，不可以打断老师的思路。沙拉夫却非如此，他敦促我们积极地在课堂上参与讨论。这样一来，我们必须为自己的学习负责。

这门微分方程课成了我学习的一个转折点，也从此决定了我对教育的看法。

我在高等教育方面的经验，大部分来自美国的大学。1971 年，我从加州大学伯克利分校毕业，到了普林斯顿高等研究院做博士后。

其后我在纽约大学石溪分校、斯坦福大学、普林斯顿高等研究院以及加州大学圣选戈分校任教，直至 1987 年转到哈佛为止。我也曾访问加州大学伯克利分校、加州理工学院、剑桥大学、哥伦比亚大学、加州大学洛杉矶分校、加州大学尔湾分校以及德州大学奥斯汀分校。可以说，我对西方世界的大学有一定程度的认识。

1979 年，我第一次回到中国大陆。从那时起，我每年总会在中国的大学和中国科学院访问几个月。我所指导的研究生来自世界各地，但大多数来自美国和中国。因此，我对中国的高等教育也相当熟悉。

1979 年摄于长城

中国的高等教育系统深受传统儒家思想的影响。儒家认为所有真理都包含在孔夫子的教诲之中。除了参考后人对孔子言行的诠释外，我们没有必要去追求其他理想。情况就如在文艺复兴前，《圣经》是西方知识的主要来源一样。

在过去百年间，中国的教育工作者一直在努力，将传统的思维与现代西方的教育理念这两种截然不同的看法整合起来。

古代的教育以贵族子弟为主，到了孔子，有极其重要的改变，只要有 "束脩以上" 的子弟，孔子都给予教育 [编注：子曰："自行束脩以上，吾未尝无诲焉!"——《论语·述而》]。中国从此有了普及教育的观念!

秦始皇一统天下,焚书坑儒,百姓以吏为师。中国自古至今,或多或少,仍然采取以吏为师的做法,这比较容易稳定政局。但是科学上创新的研究就难于发展了。历朝以儒为表,以法为骨,但是基本上以吏为师仍然是教育的走向。

两汉均注重提拔人才,文帝、武帝和曹操都有求贤令。两汉选择官员,有察举制。到曹丕时,改为九品中正制。这个制度延至南北朝末,达四百年之久。隋唐才开始改为科举制度。王莽时,太学生人数达一万五千人之多。两汉能够成为中国强盛的朝代,和重视人才的培训有密切关系。

张骞通西域以后,中西文化开始大量交流。到了魏晋南北朝,由于儒释道和西方文化的融合,中国的基础科学得到空前的发展。士人特别注意唯美的思想,就数学来说,刘徽第一次严格证明了勾股定理,并计算圆周率,祖冲之父子继之。还有《孙子算经》中的剩余定理,这些都是划时代的工作。

隋唐是中国盛世,大力推动科举制度,学问以应用为主,基本科学的研究反而不及魏晋南北朝。

宋朝继续科举制度,但是设立了大批书院,私人讲学之风大盛,基础科学成果不错。

明清有成就的思想家、史学家有王阳明、顾炎武等。戏剧小说家有施耐庵、罗贯中、孔尚任、汤显祖、曹雪芹等。但在科学方面却无足观。考据学大盛于乾嘉,降及清末,犹有俞樾、章太炎等。考据学虽然涉及科学的方法,但对于自然物理,并无创见。很多数学学者沦于考究古籍,毫无新意可言,不逮文艺复兴以后的西方远甚。

从 19 世纪中叶开始的一百年,是中国人向欧美国家学习现代科技、哲学和各种学问的时代。

19 世纪发生了鸦片战争,中国大败,开始惧怕西方的船坚炮利。革新由林则徐开始,曾国藩、李鸿章、张之洞等人基本上主张:中学为体,西学为用。他们建立了一批以外语和军事为主的学堂,例如京师同文馆,福建马尾船政学堂。西方传教士也开始成立教授外语、宗教和西学的学院,例如圣约翰大学,西学开始东渐。

由于传教士和大量外商涌入中国,中国人开始留洋,直接受西方教育,其中一个重要人物叫容闳。

容闳出身于澳门和香港,由传教士带到美国,1854 年毕业于耶鲁大学,回国从商。1863 年,他向洋务派的曾国藩进言,建立兵工厂。1872 年,曾国藩和李鸿章奏请清廷派遣一百二十个幼童留学美国。这批留学少年让中国官员第一手地看到西方文化的优点。

容闳（照片来源：Wikipedia）

中国 19 世纪向西方学习并不成功。甲午战争时，海军舰队吨位和装备俱胜过日本，却全军覆没！日本在 19 世纪初还在向中国学习，到了 1868 年明治天皇决定全面西化，派了大量学者到英国、德国等欧洲国家学习。到 1894 年已经是船坚炮利，甲午一役中国大败，李鸿章只好签署丧权辱国的《马关条约》。

清廷朝野痛定思痛，开始学习西方科学、哲学和文学等基本学科，希望了解西学优胜之处。政府派遣了大量学生到日本留学，人数达到八千之多。其实日本虽然战胜中国，科技仍然不如德国，故此日本仍然不断派留学生到德国。20 世纪初，中国留德学生数量上远不如留日学生，为了省钱而不去科技最好的地方学习，实在可惜！

此时中国政府在天津成立了北洋大学，它以工科为主，是天津大学的前身。不久之后，政府又成立京师大学堂，这是继上海圣约翰大学之后，中国第二所现代的综合大学。京师大学堂以后易名为北京大学。

辛亥革命后，全国分为六大学区，在南京、北京、成都、广州、武昌、沈阳等地，各自建立了高等师范大学。除了北京师范大学外，其他几所师范大学以后更名为国立东南、广东、武汉、四川、东北大学等。东南大学成为全国最佳大学，有北大南高之称。

1928 年，清华留学预备学校正式成立为清华大学。它迅速崛起，成为中国最佳大学。东南大学衰落，直到罗家伦出任校长，改名为中央大学，再次成为国内的高等大学。

在此时期，名校还有中山大学、同济大学、交通大学、南开大学、武汉大学、浙江大学等，这可以说是中国大学的黄金时代。

在这期间，人才辈出，政府给教授优厚的薪水。杰出的教育家如蔡元培、胡适、张伯苓、罗家伦、蒋梦麟、梅贻琦、竺可桢、邹鲁等都能够将大学办得不错。

这一时期中国大学基本上学习英国和德国大学的精神和体制。

英国大学在 19 世纪初期受到教育家纽曼（J. H. Newman）的影响，重点在于传授学问而不在乎发现知识，培养绅士和人的价值。

德国大学理念由 19 世纪初洪堡（W. von Humboldt）提出：以纯知识为对象，从事创造性的学问。

到了 20 世纪 30 年代，美国的弗莱克斯纳（A. Flexner）融合了这两种不同的看法：大学培养人才，既做研究，也服务社会。他认为大学的精神在于培养贵族的气质和对纯粹学术的追求，不必考虑社会经济、职业等需要。

弗莱克斯纳（照片来源：Wikipedia）

中国的大学创立不久，中国即受到日本侵略，大部分大学在抗战期间迁移到内地。例如在 1937 年北京大学、清华大学和南开大学在长沙成立联合大学，由张伯苓、蒋梦麟、梅贻琦三位校长合作管理。最后搬到昆明，联合大学又叫作西南联合大学，培养了一大批出色的学生。

在艰苦抗战这一段日子，中国高校如西南联合大学培养了不少人才。有一部分后来留学美国，成为学术界的领袖。但是在这一段时间，除了留学生外，科研本身没有达到一流的水平。

有趣的是日本在同一个时期，基础科学的发展，尤其是数学，盛况空前。大量的一流学者出现，重要的有伊藤清（Itô）、岩泽健吉（Iwasawa）、小平邦彦（Kodaria）、佐藤干夫（Sato）等人，开创了好几个数学上重要的方向，影响至今。事实上，中国数学经过八十年的努力，也还没有达到日本在 20 世纪 40 年代的盛况。

在这段时间，中国政府成立了中央研究院，姜立夫为数学所所长，陈省

蒋梦麟、梅贻琦、张伯苓

身实主其事，训练了一批重要的数学家。1949年新中国成立，大批学者离开大陆（内地），有些去了台湾、香港，有些远赴欧美。

在这极端困难的时刻，一批一流学者自愿回国，其中最出色的是华罗庚教授。他放弃了伊利诺伊大学的优厚条件，全力以赴，为新中国培养了第一批最重要的数学人才。华先生的数学水平比当时国内任何一个数学家都要高出一筹，当数学所的所长不单是当之无愧，而且也是最合适的人选。没有华先生的领导，恐怕中国数学达不到20世纪60年代的小康局面！这几年来，我看到一些报道，说华先生当年做所长，有权力欲望，使人啼笑皆非。华先生回国就是要带领一批年轻人干大事，在谁都没有能力做所长的时候，他不挑这个担子，谁挑？报道又说，陈寅恪先生和竺可桢先生都对华先生有意见。陈先生和竺先生虽是一代大师，但他们不懂数学，大概是受到旁人的误导吧！

20世纪50年代初期，欧洲不少国家和美国都恐共，大量华裔学者因此受到歧视，被迫回国。回国后，他们也能做出重要的贡献，他们受到国家的待遇却比华先生好得多。

当时中国作了一个决策，即所谓院系调整。例如清华大学把重点放在工科，享誉二十多年的全国最好的数学系被迫解散。这样的做法据说是学习苏联，我认识不少苏联的大数学家，他们真可谓学富五车，基本科学和应用科学皆精通。中国学习苏联，墨守成规，拘泥于小节，而不知道学问精义所在！

20世纪初期，美国好几个名校，包括斯坦福、麻省理工、加州理工在内，它们本来只想发展工科，后来发现没有基础科学的强力支持，工科是不可能作出顶尖成绩的。所以它们大力推动基础科学，现在它们在基础科学的成就也在世界名列前茅。反观当今中国，高校还在采取一些奇怪的态度：以应用为主，基础为副。结果两方面都没能成功。一个浅易的比喻是：基础科学可以看为"党"，应用科学可以看为"枪"，党必须领导枪。

改革开放前，中国科研主要集中在科学院。教学和科研分开，这是一个很奇怪的做法。孔子要求教学相长，学而不思则罔，思而不学则殆，确是至理名言。

改革开放后，中国开始向欧美学习，大学也渐渐成为科研重地。这当然是好事，但是不幸的是：名校和科学院因此引起一些不良的竞争。

举例来说，教育部派送高校到外国高校建立交流渠道时，科学院属下的中国科学技术大学虽然也受教育部管辖，却往往占不到重要的位置。

其实这大可不必，欧美大学确是教研重地，但是欧美大学很多设有大型实验室：伯克利下面有劳伦斯放射实验室（Lawrence Radiation Lab），洛斯阿拉莫斯实验室（Los Alamos Lab）；麻省理工有林肯实验室（Lincoln Lab）；加州理工有喷射动力实验室（Jet Propulsion Laboratory）；美国能源部、海军、空军、陆军、卫生署都设有大型实验室。私人公司例如 AT&T，设有贝尔实验室（Bell Lab）。

贝尔实验室的团队虽然属于电话公司，但是他们做了大量基础科学的重要工作。举例来说，他们发现了宇宙微波背景。这个发现使宇宙学成为一个重要的科学，他们亦因此得到诺贝尔奖。贝尔实验室一共得到过六个诺贝尔奖。

1930 年，一间百货公司捐款给普林斯顿成立了高等研究院。研究院聚集了全世界一流的学者，进行基础科学的研究。伟大学者如爱因斯坦、外尔（H. Weyl）、韦伊（A. Weil）等都曾经是这个研究院的教授。

欧洲也有很多研究所，例如德国普朗克研究所（Max Planck Institute）就很出色。

新中国成立初期，中国不仅学习苏联大学的体制，也大量派遣留学生到苏联留学。周光召和王淦昌去的是杜布纳联合核子研究所 (Joint Institute of Nuclear Research，苏联版的 CERN)。从这里可以知道高水平的研究所有它的重要意义。但是如何让研究所发挥深入研究的能力和如何培养出色的年轻科学家，却值得我们深思。

一般来说，在研究所进行大型的实验，由实验和理论的学者共同努力有其必然性。但是很多纯属理论的学科，无须大量学者长期聚集在一起。没有机会跟学生交流，对他们自己的研究和对培养年轻人都不会有好处。现在有不少的研究员，长期不做有意义的研究，又不上课，浪费了国家的资源。

四十年前，数学所由华罗庚先生带领，有过不少一流的工作，除了华先生的门下弟子王元、陆启铿、陈景润等人，还有杨乐、张广厚等人的工作，都得到美国数学界的关注。此外吴新谋、王光寅、冯康等人也在应用数学领域有所贡献。然而事实上，国内的应用数学还未达到世界水平。但是往往听到某些应用数学家在领导面前和媒体上吹嘘，说他们的工作替国家或某公司省

华罗庚在清华新林园与中科院数学所的学生讨论问题（照片来源：《传奇数学家华罗庚》）

下几百万元，但是别忘记了国家对他们的薪资和研究的投入是更巨大的投资！

中国名校的竞争，科学院中院所的竞争，名校和科学院的竞争往往白热化，产生极为不良的影响。这一点，政府必须要有勇气改变现状。

新中国成立以来，教育和科研经费都来自政府。私人办的机构，除了一些质量比较好的，或是与金融和工商管理有关的学院之外，基本上都不能称为私立大学。近年的西湖大学，校园和建校的经费由政府负责，私人捐助的基金远远不足以支持一所现代的大学。（在美国，私立高校欢迎私人命名一个讲座教授。高校一般要求五百到六百万美元的捐赠，但是校方仍然认为这样的捐赠不足以支持一位终身教授的花费。）加州理工约有三百多位教授，学生不到两千，除了政府的资助和学生的学费外，学校基金也需要三十亿美金来维持。

在美国，捐赠大学基金除了免税以外，还必须是无偿提供，不能要求回报。但是中国一般富豪不是这么想，往往坚持大量的好处，和美国极不一样。所以中国私校筹集资金极不容易。

在美国排名前二十名的研究型大学，除了加州大学伯克利分校外，都是私立大学。从这里可以看到，私立大学必定有它优越的地方！但是近年来，高等教育的经费支出引起资金的需求，愈来愈严重（最明显的是生命科学的用费）！到了今日，美国私立大学的基金，假如没有政府大幅资助的话，不足以维持重要学科的发展。这个现象愈趋严重，因此美国政府在私立大学中，已经开始占有重要的发言权。最近我的一位物理系同事询问理学院长，我们在申请政府经费时，可以不可以单纯为了好奇心和科学的优雅来写申请书，院长说有困难！很多美国教授对这个现象极为不满，但却是无可奈何。

美国科学家仍然以探讨大自然的基本现象为目标，但是由于经费的压力，功利主义渐渐变得很重。正如中国科学现在的走势，有一位极负盛名的学者，十五年前在广州宣称中国政府不应当投资基础科学，应该利益至上，去发展像任天堂这样的工业更为赚钱！为了短期的利益来断送国家基础科学的说法，使我想起了三国时期王允要杀蔡邕时，太傅马日磾说：灭纪废典，其无后乎！

听说有一次梁启超的儿子梁思成写信问他父亲：有唐一代，姚崇宋璟，杜甫李白，孰为最贤？他父亲回答说：杜甫李白代表的是中国源远流长的文化，岂是姚宋短期的治世可比！我们岂能为了一点点金钱，放弃了安邦定国的基础科学？

近年来，有很多学者大力吹嘘大数据和人工智能，而不愿意考虑这些学科背后的基本原理都是从数学而来的！

另外一个严重影响高等教育的事情是：美国在三十年前立法，取消年龄超过 70 岁必须退休的制度。

从前年纪比较大的教授，能力不如往昔，会自动不提意见，不参与行政。现在这个现象正在改变，有些年纪大的教授正如中国老人，往往已经不在科研前沿几十年了，又不肯参与任何科研活动，却凭借五六十年前的经验来指导如今最前沿的科学发展，不容许年轻人有发挥自己创意的空间。

和一般人的想象相反，学术的创新进步，在学术大师的威权领导下，非徒无益，还可能产生极大的害处。牛顿在科学历史上，几乎无人可以比拟。他死后一百多年间，英国没有出现物理学和数学大师。这个局面，直到 19 世纪中叶，才开始改变。据说这主要是因为在牛顿盛名之下，英国科学家惧怕自己的能力不如而产生的结果。在科学创新的前提下，年轻学子，20 多岁无法无天，挑战科学多年的传统，往往走出一条崭新的路子，就如爱因斯坦敢于挑战牛顿力学一样。

今天中国要在科技领导世界，必须要让年轻人挑战科学界的老人威权。我再举一个例子，法国的微分几何到 20 世纪 60 年代一直不错，其中有一位叫伯杰（M. Berger）的，他本身是重要的几何学家。但是在 70 年代，他崇拜俄罗斯几何学家格罗莫夫（M. Gromov），开始造神运动，全法国学习格罗莫夫，直至今日。法国在微分几何的贡献，大不如前矣！

学问以自然为师，只有经过观察、实验、计算和心灵的感应才能够知道真理，才能够完成一流的学问。科学上的真理，不是某个科学家或领导的讲话能够改变的。

这几个现象不容小看，美国高校事实上已经开始衰落。但是百足之虫，死而不僵。在我看来，即使中国高校没有走错方向，只要继续跟随这些过气老人，无视年轻学者的意见，至少要三四十年才能够追上这些名校。

但是这不排除中国高校有可能产生的突变！就如改革开放经济上的突破

一样！然而这个突破需要中央的决心，其中最重要的议题是人才的提拔和引进。

中国政府设立的国家科技大奖，1941 年就开始有了，数学家得到这个奖项的不少。由于只考虑国内的工作，数学得主的水平往往不如一般的留学生。

人事严重地影响评估人才的制度，这是当今中国最迫切需要解决的问题！

从科技大奖的历史上看，这个问题就很明显了。在近代数学的文献中，陈省身和周炜良的名字不断地出现。20 世纪中，有资格排名在前一百名的数学家中中国学者恐怕只有他们两位，但是他们都没有得到过中国政府颁发的科技大奖。

无论是内地还是香港，研究经费的渠道，不单要通过教育部，在使用地方政府的经费时，往往还要得到地方政府的许可，管理投资的官员甚至主宰了科研的方向，参与聘请教授等大事。中央一方面要求做基础科学研究，另一方面却任命这些官员去履行这些政策，但是他们心目中的基础科学研究和专家的想法往往不一样。他们希望几年内就能看到成果，增加地方政府的税收。近十年来，北京、上海、深圳、香港、广州都富可敌国，人口比欧洲国家如荷兰、瑞士等多几倍，但是基础科研和技术却相形见绌。科技上，这些城市和欧美的水平相差颇大。欧美国家文化悠久，特别注重基础科学，没有我们的官员这样急功近利。一般来说，他们尊重专家的意见，对科技的发展有长远深入的打算。香港和深圳在这方面的毛病最大，管理投资的官员和资本家在科研投资上，有太大和不合理的发言权。

中国另外一个极为严重的问题就是很多读书人一生只醉心于一个目标，那就是当院士。

这个头衔所赋予的学术和政治权力委实太大了，产生了极为负面的影响。毕竟，一所大学的地位取决于院士的数目。因此，院士是不可以得罪的。另一方面，他们在研究方面的成就，却往往和他们尊贵的地位不匹配。院士的选举涉及太多的人事政治，一旦他们成为院士，就可以在大学甚至整个社会发挥不正当的影响力。

部分问题源于根深蒂固的权力，以及"敬老"的文化。早已超过了退休年龄的学者，即使已不再积极地从事研究，甚至已跟不上研究的步伐，但是仍然持续地主宰着他们的领域。中国的院士制度也受到政治的压力、贿赂和腐败的影响。流风所及，研究人才的升迁竟然和学术成就的关系不大！

所以中国科学要有突破，必须打破院士垄断的局面。但是院士已经是一个既得利益团体，不可能一下子打破，只有中央下决心才能改变它。

去年和友人芝加哥大学校长 Robert Zimmer 有一段谈话，发人深省。他本人是哈佛大学的毕业生。他说哈佛大学的基金是所有高校中最雄厚的，但是用得并不恰当。假如他是哈佛校长，他会在基金中提出一百亿美元，做成一个新的基金，专供给聘请第一流人才之用（不用在实验室，只是用在薪资上）。

我认为中国政府也可以这样做，不过聘请的过程要绝对公正，并邀请各领域的权威作评估，向中央直接负责。这样，中国会找到很多杰出人才的。

固然，我们必须保证研究人员衣食无忧，家庭安定，孩子有良好的教育，但是奢华和太注重虚名的待遇大可不必。中国一般的科技人才，营利和学而优则仕的心理深入骨髓，没有必要再去鼓励他们去做应用科学。我们科技发展的困难是基本科学和欧美相差太远，我们必须鼓励学者为学问而做学问，为了好奇心去找寻大自然的奥秘！

我希望见到中国学者不是为了名利来做学问，即使是诺贝尔奖或菲尔兹奖都不应该是学者的终极目标。

德国的名校有哥廷根大学和柏林大学。18 世纪中叶到 20 世纪初期，基础科学有相当大的部分由德国科学家领导。直到今天，在德国，讲座教授还有很大的影响力，有一群学生和助手围绕着他们做研究。19 世纪的名教授每年要在某些学科中给出一系列的新的看法和报告。数学方面，由伟大的学者高斯开始，黎曼、希尔伯特、克莱因、外尔等，这些都是千年一遇的人才！中国两千年来还没有出现过这样的大数学家。

记得我做学生时，有一位同学要吹捧陈省身先生，说陈先生的杰作高斯-博内（Gauss-Bonnet）定理，黎曼看到后不知道有什么想法？陈先生回答说，黎曼在几何学上只写了两篇文章，但是重要性百倍胜于他的工作！

他们的工作不单对数学有划时代的贡献，对物理也极端重要。高斯和黎曼对电磁学，希尔伯特对广义相对论，外尔对规范场（以后改称杨-米尔斯理论）的贡献，影响了物理学一百年之久。外尔已经建立了麦克斯韦方程组是规范场的重要物理事实，虽然他当时只考虑可交换的规范群。但是不交换的规范场的理论早在几何上出现，陈省身 1945 年在有名的陈氏特征类中考虑的正是非交换群（他考虑的群是 $U(n)$）。当时韦伊已经指出陈类可以用来作量子场论的量化基础。物理学家包括泡利（Pauli）、杨振宁和米尔斯等人在 1954 年重复了数学家的工作。

哥廷根大学的数学家还有狄利克雷（Dirichlet）、戴德金（Dedekend）、诺特（Noether）、西格尔（Siegel）、柯朗（Courant）等，他们都是一代大师。

物理学家则有玻恩（Born）、海森伯（Heisenberg）、韦伯（Weber）等大师。奥本海默（Oppenheimer）和费米（Fermi）早期也在这里工作。

一所大学能对科学有如此深远的影响，实在少见。可惜 1930 年以后，德国政府强行干预人事，哥廷根的光芒不在，沉寂至今。

美国名校的兴起很值得我们学习。现在让我们来了解一下加州理工的

哥廷根大学数学研究所（照片来源：Wikipedia）

兴起。

加州理工虽然创建于 1891 年，但它真正的起步是在 1921 年，和中国很多名校差不多同时。

它一开始就雄心勃勃，如今它的毕业生和教授名满天下，已经有七十三名诺贝尔奖得主、四名菲尔兹奖得主、七十一名美国国家科学奖（National Medal of Science）得主。

加州理工的创校元老是乔治·海尔（George Hale，芝加哥大学教授，著名天文学家，1904 年建立威尔逊山（Mount Wilson）天文台）和阿瑟·罗尔斯（Arthur Noyes，麻省理工学院教授，物理化学家）。1917 年，他们聘来了伟大的实验物理学家、1923 年获得诺贝尔奖的罗伯特·密立根（Robert Millikan）。他们三个人都是一代俊彦，同心协力要将学校办成一流的科技大学。密立根为这所新大学竭心尽力，直到 1945 年退休为止。

乔治·海尔、阿瑟·罗尔斯、罗伯特·密立根（照片来源：Wikipedia）

　　1926 年，加州理工成立了航空学院（School of Aeronautics），从欧洲聘来了空气动力学大师冯·卡门（Theodore Van Kármán）。1936 年，NASA 在学校成立了喷射动力实验室，由冯·卡门出任负责人。这个国家实验室引领美国火箭和航天科学的发展，直到今天。

　　1928 年，加州理工建立了当时最宏伟的帕洛马山（Mount Palomar）天文台；同时成立了生命科学系，由当代最负盛名的生物学家托马斯·摩根（Thomas Morgan）负责。

帕洛马山天文台（照片来源：Wikipedia）

　　从这一小段历史中，我们得到一些启发：创校元老本身都是一流学者，同时坚信要聘请一流的学者，而非随便找几个水平较次的人来滥竽充数。同时，学校经费充裕，除了私人基金外，还得到政府的大力支持。雄厚的资金，加上远见，使得这些私立大学很快成长起来。加州理工创校不久，古根汉姆（Guggenheim）就提供了三十万美金给它建立喷射动力实验室，坚持聘请这个学科最好的学者，这是何等的慷慨，何等的远见！

　　到了 20 世纪 50 年代，两位 20 世纪最伟大的高能物理学家，盖曼（Gell-Mann）和费曼（Feynman），成为加州理工的教授。而对芯片工业贡献最大的英特尔公司的创办人高登·摩尔（Gordon Moore）在这里得到化学博士学位。基普·索恩（Kip Thorne）主持激光干涉引力波天文台（LIGO），与其他学者一起发现引力波。最近，加州理工又大力发展生物学，他们的研究与时俱进，使人佩服！

　　当前有些地方政府，在创建新的大学时夸夸其谈，说几年内要超过加州理工。在没有充裕的经费和足够的人才的情况下这样说，只是自欺欺人。但是长江后浪推前浪，中国的经济发展已日趋成熟，教育水平也在提高，足以支持成立这种百年一见的大学了。

当前经济和社会的发展使教育的担子越来越重。在越来越需要高科技的产业中，尤其是在人工智能和遗传学等领域，政府需要培训大量人才。这些领域的发展，无论是从好或从坏的方面看，都会大大地改变人类的生活方式，是以审慎监督显然有其必要。

在哈佛大学和其他大学任教的数十年间，我和许多来自中国的研究生一起工作过。他们当中有的已成为非常有成就的数学家了。但也有些人，尽管他们天赋不错，却没有很成功。我想，很大程度上这与他们的心态有关，而这种心态源自他们在中国所接受的教育。

许多美国学生对数学情有独钟，但同样的情况却很少在中国学生身上看到。中国学生往往对数学抱着功利的态度，他们对数学缺乏激情，只将数学视为一种赖以得到体面的工作并获得舒适生活的手段，而不是受到好奇心的驱使，一心为揭示这门学科的奥秘而奋斗。

这种态度具有深厚的文化根源，这与中国的教育宗旨，也和一般人的人生目标有关。中国传统中教育的目标并不在于训练人们追求真理，增进知识，相反却是很狭窄，教育的目标是让学子可以通过考试，在体制内晋升，从而过上安逸的生活。

在中国，要成为有学识的人并没有什么意义。大多数人认为教育是种手段，而目的或是赚大钱，或是获得名声和权力。赚大钱才是最相干的，经济考虑才是教育背后的推手。

再者，追求真理从来就不是生活的目标。事实上在中国，许多人听到在追求金钱、名望或影响力之外，竟然还有其他值得追求的目标时，都会觉得很惊奇。

我还亲眼看见了中国教育体系的许多其他问题，在这里谈一些。

总的来说，中国学生没有接受过独立思考的训练。他们只会依循老师以及老师的老师所设定的路径向前，而大多数学生也都乐意如此。然而，这种方法不太可能在数学和其他科学方面开辟新的方向。正因如此，中国要在学术界担当领导角色，还有漫长的路要走。

当我在中国谈论数学之美时，很多人呆住了，他们从来没有想过这些东西。听到有人以"美"来谈论如此抽象、主观的数学，他们当作天方夜谭。

我认为中国的高等教育和基础研究一直受到保守势力和不合时宜的做事方式所窒碍。但我也相信未来是有希望的，至少在数学研究方面。我力求革新，在内地和香港创立并领导了六个数学中心。这些研究中心以中国罕见的方式运作，真正地用人唯才，并以客观的"同侪审阅"制度为指导原则。只要经费没有问题，我们就能够这样办下去，这也就是我不断地向私人筹募经费的原因。这些中心主要靠年轻的数学家，我希望他们能把出色的成果看成工作的回报，而非其他学术以外的原因。

晨兴数学中心于 1998 年在中国科学院开始运作。但是在运作前两年的奠基礼上，北京大学一位有势力的教授誓言要将中心搬到北大去，幸好他没有成功。这一争端反映了中国科学院与北京大学之间长久以来的摩擦。

这种荒谬的斗争始于早已遗忘的缘由，有必要立刻中止。我希望年轻一代不要再陷入这场斗争之中，他们要把这场斗争消弭于无形。

我也试图通过其他方式来改变现状。例如自 2008 年开始，我举办了中学数学奖竞赛。我和其他人后来又将竞赛拓展到了物理、生物和化学领域，目的都是让学生体验真正的独立研究。这些竞赛属于更广泛的努力的一个环节，目的在于改变学生在僵化的教育体系下多年来被操练成为背诵机器的情况。

真正的研究完全是另一回事，它不仅要解决自己所选择的问题，在某些情况下，甚至要青出于蓝，超越自己的导师。

许多中国的大学生向我求助，希望能在哈佛或其他顶尖大学的研究院就读。进入这些研究院并非易事，要做很充分的准备。可是我发现，大多数的学生并没有足够的准备。

为了帮助中国学生做好准备，2012 年我开始举办大学竞赛。我找了五十位数学家制定课程大纲，其中列出：学生需要学习什么东西，才能成常春藤联盟或同级学校的研究生。我相信这很有帮助，时至今日哈佛大学有许多顶尖的数学研究生都来自中国。

由此可见，未来充满希望。虽然考试是数学科目，其他科目显然也可以照办。

在过去的四十多年里，中国大量优秀的科学和工程人才都到美国留学去了。这些学生在完成学业后，许多选择留下来，成为美国的公民。他们为美国的科技做出了基础性的贡献，这些重要的贡献不应该被美国人民和政府所忽视。

2008 年美国金融危机爆发之前，在美国的中国留学生大部分都希望能在毕业后留下来找工作。金融危机之后，情况发生了变化。那时候，中国经济欣欣向荣，前景开始变得美好。

自愿回国工作的人开始增多，其中还包括一些因美国政策改变而不能留下来的。美国在帮中国一个大忙。依我看来，越多在美国培训的人才回到中国，中国无论是在经济上还是学术上的表现就会越好。而这些毕业生的增多也会有助于弥合两种文化之间的差异。

仅今年一年，哈佛大学就有一千多个中国学生和一千多个中国学者。现在，有超过二千五百个哈佛校友在中国。那仅是就一所大学而言，还有许多中国学生正在美国、加拿大、欧洲和其他地方的优质学校接受教育。我相信对中国来说，这是件好事。

今年哈佛大学校长贝考（Lawrence Bacow）在北京大学访问期间，指出美国、中国及其他地区的一流大学，可以通过"体现和捍卫跨国界的学术价值"来发挥特殊的作用。

报告现场（照片来源：清华大学丘成桐数学科学中心）

我还要进一步补充：从长远来看，通过高等教育和研究协作所创造的联结，可以有助于改善中美关系、缓解紧张局势。

讲到底，中国的高等教育正在改善。积习的替代需要时间，而我们正在加快步伐。随着技术的飞速发展和经济的持续增长，尽管速度有所下降，开明的态度、受过良好教育的公众以及对基础研究的投资三者，足以带领我们走向未来。

编者按：本文是丘成桐教授为第八届世界华人数学家大会（ICCM 2019）公开报告（时间：2019 年 6 月 11 日，地点：清华大学廖凯原楼 107 报告厅）所准备的原始讲稿。原载：《数理人文》公众号，2019－06－12。

几点史实的澄清
——"答杨乐院士"读后

杨 乐

杨乐，著名数学家，中国科学院院士，历任中国科学院数学研究所所长、中国科学院数学与系统科学研究院院长、中国数学会理事长等职务。由于在函数值分布论等方面的研究成果获得全国科学大会奖、国家自然科学奖、国家科技进步奖、华罗庚数学奖、陈嘉庚数理科学奖、何梁何利奖与国家图书奖等奖项。

有感于改革开放四十年来我国科技界、数学领域日新月异的成就，2018年11月，我撰写了一篇短文"数学会点滴纪事——纪念改革开放四十周年"（见《数学文化》2019年第10卷第1期，pp. 117–118），以志纪念。其中，针对《数学文化》2018年第9卷第3期上发表的"张恭庆访谈录"（下面简称"访谈录"）文中的一些说法，根据客观事实复原了事情当时的真实过程。原以为事情到此即告一段落，不料拙文尚未发表，张恭庆院士已经阅读，并写了文章"答杨乐院士"（下面简称"张文"，见《数学文化》2019年第10卷第1期，p. 119）。捧读之下深感诧异。

按说，以我们的年纪和经历，对于学界一般的争论已经不会热心。但当下口述历史出现某些乱象，一些对史实的随意描述，既是对前人的不敬，又会误导后人，形成不该有的疑案。事实终究是事实，我觉得有必要做出澄清。

一、关于数学会理事长由中科院数学所和北京大学两家单位人选轮流担任的问题

张院士在"访谈录"提道：杨乐建议此后理事长由中科院数学所和北大两家轮流担任，这就形成了今天的局面。听说有人有意见，我（张恭庆院士）相信年轻一辈数学会的负责人有能力解决好这个问题。现在"张文"则称，事实证明，这种做法（两家单位人选轮流担任数学会理事长）增添了数学会的活力，促进了数学界在科学院和高校之间的交流与合作。

"访谈录"与"张文"相隔仅数月，但两种说法大相径庭，有些令人难以理解。

推选数学会理事长是遵循学会章程的一个审慎、科学、公正的过程，在1995 年我主持的数学会常务理事会仅确定了第七届领导候选人，但我从未提出以后由中科院数学所和北京大学两家单位人选轮流担任理事长的建议，任何正常的常务理事会与理事长都知道不应该、也无权提出这样的建议。

二、关于程民德先生在换届工作中作用的问题

"张文"提到，1995 年数学会理事会第六、七届换届，程民德先生做张恭庆院士工作时，解释：是杨乐建议今后理事长由中科院数学所和北大两家轮流担任。

我再次澄清，从未提出过类似建议。

程先生在 1987 年数学会第四届理事会交班后，到 1995 年，已经脱离数学会领导岗位两届、八年之久。程先生这时已是耄耋之年，身体状况欠佳，听力严重退化。在整个 90 年代，我从未和程先生讨论、咨询过数学会的人事问题。

根据数学会章程，理事长的推选需要经过推荐、讨论、协商、确定候选人的过程，而"张文"中刻意强调前任理事长在其中的关键作用。我担任数学会理事长（第六届）期间，有关数学会的事务都是在常务理事会上组织讨论，我承担召集人的角色。在 1995 年退出数学会理事岗位后，我更未涉及过数学会人事的讨论。所谓"杨乐建议"纯属空穴来风。

三、关于吴文俊先生未连任理事长问题

"张文"提到，历史已经写明，吴先生是中国数学会第一位能连任但不连任的理事长。

事实上，"张文"也承认，1983 年通过的《中国数学会章程》规定"理事任期四年，连选可连任，但连续任期不得超过两届"。

这是数学会武汉会议做出的规定。1987 年推选第五届数学会理事时，齐民友、谷超豪、王梓坤、林建祥、龚昇、陈景润、潘承洞、张恭庆、姜伯驹、杨乐等人，因为是 1978 年当选的理事，这时已经连任两届，虽然尚在壮年，但都遵守会章规定，不再继续担任第五届数学会理事。

在 1978 年数学会成都会议上，吴文俊先生被推选为理事，并在次年初的杭州会议上当选为副理事长。在 1983 年武汉会议上，吴先生连任理事，并担任理事长。到 1987 年，按会章规定，吴先生已经不能继续担任理事，自然也谈不上担任理事中推选出的理事长了。

因此，"张文"的提法于历史事实不符。

我在一些场合都曾经提到过吴文俊先生在数学会担任理事长时，对"不能连任理事长"建议的态度及做法。真正的事实经过才能凸显一个人的率真性格与诚挚品德，一味地"神化"是不行的。把一个人"神化"和将其"妖魔化"一样，常常是另有所图。

四、关于中科院数学所的提法

"张文"中提出，"访谈录"所指中科院数学所涵盖中国科学院四家从事数学研究的单位，认为我的说明是小题大做。

我只是本着数学工作者的严谨态度，明确一下当时中科院数学所、应用数学所、系统科学所、计算数学所是四家独立单位，这里不做更多解释。

以上澄清均是根据历史事实做出，没有更多的针对性。我再次重申：历史是一面镜子，有关中国数学会以及中国数学发展的历史，必须本着认真、严肃的态度，在尊重史实、实事求是的基础上，审慎对待。我们应该总结以往经验，汲取历史教训，使学术发展与学会工作有着更健康的环境。

编者按：本文写于 2019 年 4 月，后刊载于 2020 年 4 月 23 日"数理人文"公众号。

数学的教与学

数学文化与数学教育

张顺燕

张顺燕，北京大学数学科学学院教授。

前言

> 终日驰车走，不见所问津。
>
> —— 陶渊明

我们每天都在忙于具体事务，教数学或学数学，但数学的意义是什么，我们却很少考虑。我们需要对数学做些历史的和整体的观察，这就是今天的任务 [1]。

问三个问题：What，数学是什么？Why，为什么学数学？How，如何学和教数学？

目的：弄清什么是数学，数学在人类文明中具有何等地位，数学与国家的兴衰、与人生的关系，理解我们所处的时代，学好和教好数学。我们将回答上面提出的三个问题。

先引一条语录，作为本报告指导思想的引导。

> 在未来的十年中领导世界的国家将是在科学的知识、解释和运用方面起领导作用的国家。整个科学的基础又是一个不断增长的数学知识总体。我们越来越多地用数学模型指导我们探索未知的工作。
>
> —— H. Fehr

报告分为四大部分：

第一部分 —— 数学的重要性；

第二部分——数学世界；

第三部分——广阔用场；

第四部分——数学的教与学。

第一部分——数学的重要性

§1. 数学的重要性

数学在人类文明中一直是一种主要的文化力量。数学在科学推理中具有重要的价值，在科学研究中起着核心的作用，在工程设计中必不可少。而且，在西方，数学决定了大部分哲学思想的内容和研究方法，摧毁和构建了诸多宗教的教义，为政治学和经济学提供了依据，塑造了众多流派的绘画、音乐、建筑和文学风格，创立了逻辑学。作为理性的化身，数学已经渗透到社会科学、文化艺术等各个领域，并成为它们的思想和行动的指南。

人类历史上的每一个重大事件的背后都有数学的身影：达·芬奇的绘画，哥白尼的日心说，牛顿的万有引力定律，无线电波的发现，三权分立的政治结构，一夫一妻的婚姻制度，孟德尔的遗传学，马尔萨斯的人口论，巴赫的12平均律，达尔文的进化论，巴贝奇的计算机，爱因斯坦的相对论，晶体结构的确定，双螺旋扭结的打开等都与数学思想有密切联系。

我们将在文化这一更加广阔的背景下，讨论数学的发展、数学的作用以及数学的价值，这可以使我们对数学本质的认识更清楚、更深刻 [2]。

§2. 指导思想

首先，我们把哲学放在指导的地位。因为哲学可以使我们居高临下、高瞻远瞩地看待问题。它并不告诉我们具体知识，却教给我们如何思考。哲学的要领在正确地设问，而不在正确地回答。正确地思考比正确地回答更重要。

哲学与数学之间的交互影响是人类文化中最深刻的部分。德茅林（B. Demollins）说得好："没有数学，人们无法看透哲学的深度；没有哲学，人们也无法看透数学的深度；而没有两者，人们什么也看不透。"哲学为人类文明提供了理性精神，而对理性精神贯彻最彻底的是数学。数学中提出的问题又促进了哲学的发展。数学历史上的三次危机都与哲学难解难分。

其次，数学史上的重大里程碑是这次报告的重要组成部分。数学史为我们提供了广阔而真实的背景，为数学整体提供了一个概貌，使不同的数学课程的内容互相联系起来，并且与数学思想的主干联系起来。这是理解数学的内容、方法和意义，培养学生鉴赏力和创造力的最好方法，它能使学生摸到数学发展的脉搏，而从历史分离出来的教学法严重地影响着对数学的理解和数学的发展。这就是数学素养，对中国的数学教育尤为重要。民族的整体数学素养不提高，出现不了大数学家。

庞加莱（Jules Henri Poincaré，1854–1912）说："若想预见数学的将来，正确的方法是研究它的历史和现状。"法国人类学家斯特劳斯说："如果不知道他来自何处，那就没有人知道他去向何方。"数学史对专业数学家和未来的数学家都有帮助。历史背景很重要。现代数学已经出现了成百上千个分支，全能数学家已很难出现。为了能够了解数学的重大问题和目标，从而能对数学的主流做出贡献，最稳妥的办法也许就是要对数学的过去成就、传统和目标有一定的了解，以使自己的工作能进入有成果的渠道，并建立长期的发展路线。

通常数学教科书所介绍的是数学的片段。它们给出一个系统的逻辑叙述，使人们产生了这样的错觉，似乎数学家们理所当然地从定理到定理，他们能克服任何困难。这对于培养真正的富有创造力的数学家是不利的。讲点数学史，使学生们看到在科学发展中出现的真相，这样才能学到真知。

第三，数学文化是人类文化中最深刻的部分之一。讲述数学文化对人类文明的影响是本报告的重要任务之一。我们要讲述数学对自然科学、社会科学与艺术的影响。这些影响正在沿着深度和广度两个方向扩展。数学在经济学中的应用已是众所周知的事情。心理学、历史学、考古学、语言学、社会学等学科也正在广泛地使用数学。我们应当知道，未来的科学将向什么方向发展，这些科学需要什么样的新知识和新工具，数学在一个人的学术生涯中将起到什么样的重要作用。

第四，科学与人文。一种完整的教育应该包括人文、科学和技术三类课程。人文教育培养学生的想象力、审美力，使学生拥有丰富的个性。科学教育培养学生的逻辑思维能力和创造力。技术教育的本质在于培养学生运用知识的艺术，为物质生产服务。我们反对以牺牲人文教育为代价的技术教育，因为它将人机械化。

科学与人文是人类文化的两个重要组成部分，互相渗透，互相影响。报告的主旨是科学与人文的融合。讲科学要有人文精神，讲人文要有科学思想。这可用一首唐诗来描述：

寄韬光禅师
白居易

一山门作两山门，两寺原从一寺分。东涧水流西涧水，南山云起北山云。
前台花发后台见，上界钟声下界闻。遥想吾师行道处，天香桂子落纷纷。

如果我们的科学与人文课能讲得生动活泼，别具一格，若干年后，学生对你的评价是，"遥想吾师行道处，天香桂子落纷纷"，不是令人神往吗?

第二部分——数学世界

数学是一种看不见的文化，它藏在大众的视线之后。这就容易引起人们对它的忽略和误解。报告的目的就是揭开它的神秘面纱，展示数学的真、善、美和功、利、用。

希望老师们通过报告调整自己的数学观：用新的观点审视数学，用新的观点学习和教授数学，用新的观点使用和发展数学。

§1. 数学与当今社会

1. 科学的新形势。科学面临的新形势主要有三点：

首先，多种学科的交融和新分支的诞生。

其次，各个学科，特别是社会科学，都在走着从定性描述到定量化的道路。经济学表现得最为明显，诺贝尔经济学奖得主一半以上是数学家。在北京大学，金融数学系属于数学科学学院。这是亚洲第一个金融系。

第三，计算机的使用大大地加速了社会的发展，信息的管理、使用和传输的高效率改变着一切学科。

2. 信息社会。现代社会正在实现新的转轨——从工业社会转向信息社会。它的主要表现是，信息产业在社会中占有越来越重要的地位。1980 年，美国信息产品的产值已经占到它整个经济的 40%。

而信息产业的核心技术是数学。可惜，大部分人的思想还停留在工业社会。

在信息社会中，数学的作用发生了三个深刻的变化：

1) 数学应用的领域大大扩大了，事实上，扩展到了整个社会：从自然科学到社会科学、文化艺术。

2) 数学在许多行业中的作用正由辅助性作用向主导性作用转变。

3) 数学正在改变人们的思维方式。

数学正在深刻地影响着社会进步的速度以及个人的就业。这种形势迫使我们必须转变数学教育的指导思想：

1) 必须把数学教育作为整个教育的不可缺少的重要环节。

2) 必须把数学教育扩展到高等院校的所有系，包括人文科学和艺术系。

3) 为不同专业提供不同的数学。

3. 国际情况。2000 年——世纪转折年，从 20 世纪转向 21 世纪。这是人类历史上的关键年。

2000 年的两件大事：

联合国确定 2000 年是世界数学年。

美国出版《为新世纪学习数学》。

这两件事都是以数学为主题，都指出，在新世纪，数学的作用比以往任何时期都大，而且在未来将起更大的作用。对学生的数学要求将随时间而剧烈地增加。

看看过去 300 多年间美国课程表对数学的要求就清楚了。

第二次世界大战以后，数学与社会的关系发生了根本性的变化。著名数学家 A. Kaplan 说："由于最近 20 年的进步，社会科学的许多领域已经发展到不懂数学的人望尘莫及的阶段。"印度数学家 A. N. Rao 更指出，一个国家的科学的进步可以用它消耗的数学来度量。这些都说明，数学与现代社会的联系正在日益加深，也正在深刻地影响着社会科学的研究与发展。

正是在这种背景下，1992 年联合国教科文组织在里约热内卢宣布"2000 年是世界数学年"，其目的在于加强数学与社会的联系。里约热内卢宣言指出："纯粹数学与应用数学是理解世界及其发展的一把大钥匙。"

在当今世界上最先认识到数学的重要性的是美国。20 世纪 70 年代末，美国国家研究委员会正式提出，美国的扫盲任务已转变为扫数学盲。在当今社会，不懂数学就和文盲一样，是社会的负担，是被淘汰的对象。1989 年，美国国家研究委员会发表《人人关心数学教育的未来》[3] 一书，书中重点强调："我们正处在国家由于数学知识而变得在经济上和种族上都被分裂的危险之中。"并解释道："……除了经济以外，对数学无知的社会和政治后果给美国民主政治的生存提出了惊恐的信号。因为数学掌握着我们基于信息的社会的领导能力的关键，具有数学读写能力的人与不具有这种能力的人之间的差距越来越大，从种族和经济的范围上，其程度是惊人的一致。我们冒着变成一个分裂的国家的危险，其中数学知识支持着多产的、技术强大的精英阶层，而受赡养的、半文盲的成年人，不相称的西班牙人和黑人，却发现他们远远不具备经济和政治的能力。这必须纠正过来，否则没有数学基本能力的人和文盲将迫使美国崩溃。"

美国国家研究委员会还指出："信息时代就是数学的时代，……，未来的公民将需要极其多样的数学教育，以对付工作场所中的大量以数学为基础的工具、设备和技术。大多数公民已经意识到了这一点，但是光意识到这一点还不够，还应当看到，当学生离开学校并开启工作生涯时，数学教育极大地决定了一个人能从事什么样的工作与不能从事什么样的工作。"可惜，我国大部分人没有意识到这一点，甚至大部分数学老师也没有意识到这一点。

20 世纪科学技术的进步给人类的生产和生活带来巨大的变化。古人梦想的"千里眼""顺风耳""腾云驾雾""嫦娥奔月"都已实现。回顾 20 世纪的重大科技进步，下面几个项目无疑是影响最大的：

1) 信息技术的广泛使用，信息时代的到来；

2) 原子能的发现与利用；

3) 太空飞行；

4) 计算机的诞生和使用；

5) 遗传基因的发现和与之有关的生物技术。遗传基因与数学有什么关系？基因的发现靠的是概率论，DNA 的解开靠的是拓扑学中的扭结理论。

在上述重大科学技术的产生和发展过程中，数学都起了关键的作用。

4. 美国的数学教育。为了加强数学教育，各级领导应当做什么呢？我们来看看美国的情况。

学生：每年都要学习数学。发现自己周围的数学。在其他课程和日常生活中运用数学。研究各种各样的数学课题。

老师：讨论数学问题。考察当前实践，并给出新建议。

家长：要求学校贯彻《全国数学理事会的标准》。鼓励孩子们不断学习数学。支持教师探索课程改革。希望家庭作业不是例行的计算题。

校长：为教师集体工作创造条件。在数学教育上成为受教育者。支持创新。

社会组织：为所有学生组织一些能丰富数学知识的活动。支持地方努力改进数学教育。向公众解释改革的必要性（我们也有许多社会组织，但他们的活动几乎与数学无关）。

商业界与工业界：鼓励学生学习数学与其他科学。不要把好的教师挖走。支持地方努力确保教育基金。为教师提供实习机会。

州长：为鼓励改革提供物力与财力。要求新的数学教育的标准。引导公众按优先顺序做最佳的选择。为有才能的学生制定内容丰富的计划。

总统：与州长们一起批准全国的议程。把公众注意力引向数学教育。强调教育严重地关系到国家安危。

数学认识周。1986 年，美国总统宣布：每年 4 月 14 日—4 月 20 日为全国数学认识周，目的是让全美国学生保持对数学学习的热情。苏联人造卫星的幽灵仍然在美国徘徊，任何否定数学的倾向都不利于美国科学和技术的发展。

最近，美国又有了新的举措，展现出他们对数学的特殊重视：在美国的外国留学生只要拿到硕士以上的数学学位，立刻获得绿卡。

5. 日本的数学学习潮。我们了解到，20 世纪日本掀起了数学学习潮。奇怪的是我是通过一个医学家的著作知道的。这位医学家叫和田秀树。他写了几本书，其中有《数字，成功之本》[4]；副标题是 "21 世纪管理学习新浪潮"。

还有一本叫《数字专家最抢手》[5]，背面是 3W：

WHO（谁）：信息时代最抢手的人是谁？善于运用数学头脑的人。

WHAT（做什么）：成功三要素是，1. 能解读数字；2. 能进行逻辑思考，判断正确；3. 勇于尝试，不怕失败。

HOW（如何做）：提高数学能力。

日本文科的调查数据。1999 年 12 月到 2000 年 3 月对三所文科大学的 2239 名毕业生的年薪调查。

选数学的：年薪 748 万日元；

不选数学的：年薪 641 万日元。

相差：107 万日元。

中国的情况如何？中国社会对数学重要性的认识远远不足。但是一些具体事实已经透露出重要的信息。2002 年《光明日报》有一篇报道：计算机行业的公司愿意要数学系毕业的学生，而不要计算机系的毕业生。这是为什么？公司需要的不只是操作人才，更需要创新人才。数学能力是创新能力的重要标志。

北大计算机系的所有领导都是数学系毕业的，为什么？

中国计算机科学的学术带头人大部分出自数学系。王选、杨芙清院士都是北大数学系的毕业生。这不是很说明问题吗？

6. 现代人的必备素质。在中小学，什么课程最基本？答案是，语文和数学。

语文。语文是用来表达思想的，你的词汇量的多少表明你的智力程度的高低：你的词汇量有限，你成功的机会就有限。

对此，美国人曾经做过统计。他们对新泽西州的某技术学院的 100 名学生做了词汇量的测验。五年之后，那些考试名次在前 10% 的无一例外都有了行政领导的职务，而在最后 25% 内的无一成为行政领导。

当然，在今天我们必须把英文也包括在内，因为现在是开放的世界，竞争是全球化的。

数学。现在数学的读写能力，也就是量的读写能力正在提到我们的眼前。现代社会的许多信息是用量的方式提供的，因而作为一个现代人，用量的方式去思维、去推理和判断成为一种基本能力。

未来的精英具备什么样的条件呢？

语言表达能力。通过语言，展现自己的理想、信念、优势和水平。

逻辑思维能力、推理能力。

量的思维能力。

后两种能力如何培养？系统地学习数学。

1999 年美国出版了一本教材名叫"应用与理解数学"。书的第三页列出了一张就业表，其中包含两种能力：英语与数学 (表中只摘录了其中一部分)。

表1　技术水平

	语言水平	数学水平
4	写报告、总结、摘要，参加辩论	熟练使用初等数学，熟悉公理化几何
5	读科技杂志、经济报告、法律文件，写社论，评审论文	懂微积分与统计，能处理经济问题
6	比5更高级	使用高等微积分，近世代数和统计

表2　职业要求

职业	语言水平	数学水平
生物化学	6	6
心理学家	6	5
律师	6	4
经济分析师	4	5
会计	5	5
公司董事	4	5
计算机推销员	4	4
税务代理人	6	4
私人经纪人	5	5

这张表告诉我们，语文和数学为什么最重要。

应用实例。人生面临各种机遇和决策，数学可以使你的决策更明智，更少出现风险。

1) 问题。设甲、乙、丙三个门，只有一个门后有一辆车。你猜，哪个门后有车？

譬如，你猜甲。如果你猜中了，则乙、丙两个门后都是空的；如果你猜错了，则乙、丙两个门中，有一个门后是空的。即，在你第一次猜过后，乙、丙两个门后至少有一个是空的。打开空门。现在剩两个关闭的门。再给你一次机会。你可以改变主意，也可不改变。你改变不改变？

答：你第一次猜对的概率是三分之一。如果改变，你猜对的概率是三分之二。

数学是生活的领路人，如果没有对数量的某种估计，那么我们就寸步难行，甚至做出错误决定。

概率统计的思想方法就像读和写的能力一样，将来有一天会成为公民的必备能力。

2) 微软面试问题。50 个人各带 1 条狗，共 50 条狗，其中至少有 1 条病狗。但病狗的主人不能发现自己的狗是病狗，必须通过观察别人的狗来判断自己的狗是否是病狗。如果发现自己的狗是病狗，就立刻开枪打死。设每隔 10 分钟判断一次。

第一个 10 分钟没有枪声，第二个 10 分钟也没有枪声，第三个 10 分钟枪声响了，问有几只病狗？

这个问题是灵活应用数学归纳法的问题。

以上两个例子都从某一个侧面说明了数学的重要性。未来的精英由什么样的人构成呢？我们给出下面的公式：

未来的精英 = 语言能力 + 数学思维 + 专业特长。

7. 数学事业。我们从另一个角度观察数学对社会的影响。数学专业毕业生就业的范围如何？1996 年，美国数学会发表了《101 种数学事业》一书。这本书提供了 101 位数学专业毕业的学生的就业情况。这些学生中，获得学士、硕士和博士学位的人数各占 1/3 左右。他们的职业分布如下：

1) 著名高技术企业的研究人员和管理人员，如美国电报电话公司、贝尔实验室、美国航空公司等。

2) 政府部门的研究人员和技术人员，如美国航天太空总部、戈达德空间中心、农业部等。

3) 教育界。

4) 专业人士，包括法律和医学工作。

5) 个人创业，包括软件设计制作等。

6) 艺术与媒体行业的雕塑家、音乐家、电视制作及演播人员等。

这些事实说明，数学系的毕业生具有很强的适应力，正在夺取其他人的工作。其他人的对策只有一条：加强自身的数学修养。

这些事实说明了数学的重要性。从本质上讲，数学就是高技术。几千年的文明史发展到今天，使整个人类面临一个新的转折时期。有数学和没有数学能力，会用数学和不会用数学，无论对国家，还是对个人都将产生巨大的差距。但是，大部分人对此缺乏起码的认识。如果作为一个数学教师也缺乏这种认识就遗憾了！

既然数学如此重要，我们就必须对数学有一个全面认识，即从整体的、系统的、科学文化发展的角度来看待数学。

§2. 对数学的认识

认识到我们面临的形势之后，我们就需要对数学本身作些考察了。因为，如果对数学本身的认识不本质、不全面、不系统，我们不可能教好数学。

我们对数学的发展史作一概括的考察。因为不了解数学史，数学的教学就没有方向，肯定教不好。

1. 五个质不同的时期。数学史大致可以分为五个质不同的时期。

第一个时期——数学形成时期。这是人类建立最基本的数学概念的时期。人类从数数开始逐渐建立了自然数的概念、简单的计算法，并认识了最简单的几何形式，逐步地形成了理论与证明之间的逻辑关系的"纯粹"数学。算术与几何还没有分开，彼此紧密地交织着。

第二个时期称为初等数学，即常量数学的时期。这个时期最基本的、最简单的成果构成现在中学数学的主要内容。它从公元前 5 世纪开始，也许更早一些，直到 17 世纪，大约持续了两千多年，逐渐形成了初等数学的主要分支：算术、几何、代数、三角。

这时的几何学以现实世界中的形的关系为主要研究对象。它的主要成果就是欧几里得的《几何原本》及其延续。《几何原本》把几何学的研究推到了高度系统化和理论化的境界，使得人们对于空间的认识和理解在深度上和广度上都大大前进了一步，这是整个人类文明发展史上最辉煌的一页。

关于欧氏几何学的教育价值，爱因斯坦说："如果欧几里得未能激起你少年时代的热情，那么你就不是一个天生的科学思想家。"

代数学则研究数的运算。这里的数指自然数、有理数、无理数，并开始包含虚数。解方程的学问在这个时期的代数学中居中心地位。

代数性质上的最大变革是韦达引入符号体系。他不仅用符号表示未知量，而且用字母表示一般系数。他规定了算术和代数的分界。算术是同数打交道的学问，而代数是施行于事物的类和形式的运算方法。这样，代数就成为研究一般类型的形式和方程的学问。

具体的成就还有：三次和四次代数方程的解法。在求解三次代数方程的过程中，复数诞生。

数学归纳法在 16 世纪晚期明确地出现在代数里。

第三个时期是变量数学的时期。从 17 世纪开始的数学的新时期——变量数学时期，可以定义为数学分析出现与发展的时期。

欧氏几何是一种度量几何，关心长度和角度。它的方法是综合的，没有代数的介入，为解析几何的发展留下了余地。

解析几何的诞生是数学史上的另一个伟大的里程碑。它的创始人是笛卡儿和费马。笛卡儿和费马都敏锐地看到了数量方法的必要性，而且注意到代数具有提供这种方法的力量。因此，他们就用代数来研究几何学。笛卡儿说："……我决心放弃那个仅仅是抽象的几何，这就是说，不再去考虑那些仅仅是用来练习思想的问题。我这样做是为了研究另一种几何，即目的在于解释自然现象的几何。"

变量数学建立的第一个决定性步骤出现在 1637 年笛卡儿的著作《几何学》中。这本书奠定了解析几何的基础，它一出现，变量（旧称"变数"）就进入了数学，从而运动进入了数学。恩格斯指出："数学中的转折点是笛卡儿的变数。有了变数，运动进入了数学，有了变数，辩证法进入了数学，有了变数，微分和积分也就立刻成为必要的了……"

在这个转折以前，数学中占统治地位的是常量，而在这之后，数学转向研究变量了。

解析几何的基本思想是，用代数方法研究几何学，从而把空间的论证推进到可以进行计算的数量层面。具体办法是，把空间的几何结构代数化，即用一个基本几何量和它的运算来描述空间的结构。这个基本量就是向量，基本运算指向量的加、减、数乘、点乘和叉乘。向量的运算就是基本几何性质的代数化。这样代数就成为研究几何学的基本工具。

变量数学发展的第二个决定性步骤是牛顿和莱布尼茨在 17 世纪后半叶建立了微积分。

微积分是人类智慧最伟大的成就之一，现代社会正是从微积分的诞生开始的。

微积分使人类第一次有了如此强大的工具，它使得局部与整体、微观与宏观、过程与状态、瞬间与阶段的联系更加明确，使我们既可以居高临下，从整体角度考虑问题，又可以析理入微，从微分角度考虑问题。

微积分是人类智力的伟大结晶。它给出一整套的科学方法，开创了科学的新纪元，并因此加强与加深了数学的作用。恩格斯说："在一切理论成就中，未必再有什么像 17 世纪下半叶微积分的发现那样被看作人类精神的最高胜利了。如果在某个地方我们看到人类精神的纯粹的和唯一的功绩，那就正是在这里。"

有了微积分，人类才有能力把握运动和过程。有了微积分，就有了工业革命，有了大工业生产，也就有了现代化的社会。数学一下子走到了前台。

微积分是一座桥梁，它使学生通过它从基础性的初等数学走向富于挑战性的高等数学，并且面对众多深刻转换，从有限量转向无限量，从离散性转向连续性，从肤浅的表象转向深刻的本质。

微积分已成为现代人的基本素养。解析几何与微积分已部分地进入中学。

17，18 世纪期间，代数学处于沉寂的状况。人们试图遵循三、四次方程求解方法的思路去寻求五次以上方程的解法，但都遭到失败。这个时期的一个重要成果是吉拉尔于 1629 年提出的代数基本定理，但他没有给出证明。证明是 200 年后高斯给出的。

一元高次方程是一个较难的课题。在这个课题屡遭挫折的同时，数学家们在较容易的多元线性方程组的研究中取得了进展。苏格兰数学家麦克劳林和日本数学家关孝和分别提出了行列式的概念。瑞士数学家克莱姆在 1750 年研究如何由一条代数曲线上已知点的坐标来确定该曲线方程的系数时，给出了多元联立线性方程组的公式，即克莱姆法则。由此开始，行列式和矩阵的理论、二次型和线性变换的理论得到很大的发展，特别是不变量的理论也发展起来了。

第四个时期为公理化数学时期。在 19 世纪数学有哪些重大进展，数学思想有什么重大变化？

我们知道，微积分诞生后，数学分为三大部分：代数、几何与分析。这三个部分在 19 世纪都发生了巨大变化。

代数学。在 19 世纪以前，代数主要是研究方程式理论的，面对的主要问题是解五次以上代数方程。高于四次的代数方程不可用根式求解的问题最终由挪威的年轻数学家阿贝尔所证明。阿贝尔在他的工作中引入了两个新的数学概念：域和不可约多项式。"域"是最早的数学结构。

进一步的辉煌成就是由另一个年轻的天才数学家、法国的伽罗瓦做出的。他完满地解决了一元代数方程可用根式求解的充要条件。但更重要的是，他的工作表明，代数方程式的理论不过是群和域的一般结构理论的一个应用而已。

19 世纪早期发生在代数学的革命是，远离计算，朝着数学基础结构的识别和使用的方向发展。从根本上说，任何一个数学体系都是一种逻辑结构，对这些结构进行研究才是理解数学体系本身的最直接的方法。

因此，代数学的核心研究对象不应当是代数方程，而应当是各类代数系统。这些研究为代数学在 19 世纪末向近代发展转移开辟了道路，而近代发展阶段是对以前各孤立的代数学概念在共同的公理基础上进行提炼。这样，代数的目的是研究各种代数系统，这就是公理化的抽象的代数。重要之点仅仅是，在所考虑的系统里运算满足什么样的公理。有趣的是，这样的代数系统无论就数学本身还是它的应用而言都具有巨大的意义。

19 世纪后半叶，群论和不变量的理论对几何学的发展产生了重大影响。

几何学。19 世纪非欧几何诞生了。非欧几何诞生的影响是巨大的，其重要性与哥白尼的日心说、牛顿的引力定律、达尔文的进化论一样，对科学、哲学、宗教都产生了革命性的影响。在数学史上这可以看成从变量数学时期向现代数学时期的一个转折点。但其更重要的意义却是哲学上的。对此，M. 克莱因说："在 19 世纪所有的复杂技术创造中间，最深刻的一个，非欧几何学，在技术上是最简单的。这个创造引起数学的一些重要新分支的产生，但它最重要的影响是迫使数学家们从根本上改变了对数学的性质的理解，以及对它和物质世界的关系的理解，并引出关于数学基础的许多问题，这些问题在 20 世纪仍然被争论着。"遗憾的是，在一般思想史中这没有受到应有的重视。它的重要影响是什么呢？

分析学。除了代数和几何的发展以外，19 世纪还发生了第三个有深远意义的数学事件，人们称之为分析的算术化。

在微积分发明之后的近 100 年中，数学家们为微积分强有力的应用所吸引，而对该领域的基础缺乏真正的理解。在分析中，谬论和悖论日益增多，数学的发展遇到深刻的令人不安的危机，这就是数学史上的第二次危机。

第一个为补救第二次数学危机提出真正有见地的意见的是达朗贝尔。他于 1754 年提出需要以极限理论作为微积分的基础，但是他本人未能提出这个理论。1821 年，法国数学家柯西在此问题上跨出很大的一步，他成功地实现了达朗贝尔的建议，发展了一种可接受的极限理论，用极限定义连续性、可微性和定积分。这些定义基本上就是现在初等微积分课本中的定义。

对分析基础作更进一步理解的要求发生于 1874 年。当时魏尔斯特拉斯给出一个引人注目的例子：存在处处连续、但处处不可微的函数。这个例子对于在分析研究中运用几何直观的人简直是一场风暴。人们必须重新审视函数的概念，必须抛弃粗糙的直观，给出精确的定义，必须重新审视数的概念。这时数学家们才发现，实数的定义还没给出！

魏尔斯特拉斯提出一个规划：实数系本身首先应该被严格化，然后再去定义极限、连续性、可微性、收敛和分散。这两部分被人们称为分析的算术化。任务是复杂的，困难的，但在 19 世纪末终于实现了。使古希腊人困惑的数的概念到此才有了明确的定义。

19 世纪现代数学的三个部分——分析、代数、几何的重大突破使数学的研究对象和研究方法都发生了巨大变化，开始了从变量的数学向公理化数学的过渡。这主要体现在下面几个方面：

数学的研究对象发生了质的变化。在 19 世纪之前，数学本质上只涉及两个常识性的概念：数和形。此后数学的研究范围大大地扩展了，数学不必把自己限制于数和形，数学可以有效地研究任何事物，例如，向量、矩阵、变换、运动等，而这些事物常常以某种方式与数和形发生关联。

非欧几何的创立使人们开始认识到，数学空间与物理空间之间有着本质的区别。这种区别对理解 1880 年以来的数学和其他科学的发展至关重要。

数学与现实世界的关系也发生了质的变化。这之前，经验是公理的唯一来源，实际上，当时只有一套公理体系——欧氏几何学的公理体系；这之后，数学开始有意识地背离经验。这之前，数学研究经验世界，那时只存在一种几何学——欧氏几何学；这之后，数学研究可能世界，出现了多种几何学：欧氏几何学、双曲几何学、椭圆几何学、拓扑学等。人类的思维可以自由创造新的公理体系。

数学的抽象程度进入更高的阶段。数学常常被看作逻辑过程，并不与哪个特别的事物相关。这就引出了 20 世纪初罗素的数学定义：

数学可以定义为这样一门学科：我们不知道在其中我们说的是什么，也不知道我们说的是否正确。

数学家不知道自己所说的是什么，因为纯数学与实际意义无关；数学家不知道自己所说的是否正确，因为作为一个数学家，他不去证实一个定理是否与物质世界相符，他只问推理是否正确。

数学的真理性。在古代，数学被认为是客观真理。这种真理观一直保持到 19 世纪。但是到了 19 世纪，由于非欧几何学的诞生，危机出现了：欧几里得几何学是真理吗？三角形的内角和是不是 180 度？我们生活的世界是欧氏的，还是非欧的？进而，数学是客观真理吗？此后数学家不再关心数学命题的真理性，而只关心数学理论的相容性，即一个数学系统中不能出现互相矛盾的定理。

非欧几何的创立使数学丧失了真理性，但却使数学获得了自由。数学家能够而且应该探索任何可能的问题，探索任何可能的公理体系，只要这种研究具有一定的意义。

非欧几何在思想史上具有无可比拟的重要性。它使逻辑思维发展到了顶峰，为数学提供了一个不受实用性左右，只受抽象思想和逻辑思维支配的范例，提供了一个理性的智慧摒弃感觉经验的范例。

对物理学的影响。我们生活的世界是欧氏的，还是非欧的？这个问题数学家可以不关心，但是物理学家不能不关心。我们知道，大约在 2400 年中，欧几里得几何学成为任何物理学的必要基础。怀特海说："现在我们知道，它是错误的，但这是一个具有伟大意义的错误。"

上述错误把物理学推向前进，直到 19 世纪末。可是到了 19 世纪末，它阻碍了物理学的进步。正是非欧几何学，为新物理学的诞生开辟了道路。没有非欧几何学，不会有爱因斯坦的相对论。

第五个时期为信息时代的数学。计算机的诞生和广泛使用使数学进入了一个新的时代。几乎同时，信息论和控制论也诞生了，数学迎来了一个新高潮。

信息时代，就是以计算机来代替原来由人来从事的信息加工的时代。由于计算机的应用，需要数学更加自觉，更加广泛地深入到人类活动的一切领域。"数学工作"的含义已经发生深刻的变化。信息加工时代的数学工作包括数学研究工作、数学工程工作和数学生产工作。

数学研究有了新的含义。它研究的领域大大扩大了。数学模型具有更大的意义。

数学工程是指需要有数学知识、数学训练的人来从事的信息工程。计算机的软件工程就是一类数学工程，但不限于此，机器证明也属于数学工程。

数学生产是实现数学工程、形成产品的工作，就是软件生产。

由于数学工程和数学生产的发展，建立数学模型的工作有了更为广泛的需要。并且，离散数学处于更加重要的地位。

2. 四个高峰期。从前面的论述可以看出，在整个数学史上出现了四个高峰期。

1) 欧几里得《几何原本》的诞生。数学从经验的积累变成了一门理论科学，数学科学形成了。

2) 解析几何与微积分的诞生。这使人们在认识和利用自然规律方面大大地前进一步，使力学、物理学有了强有力的工具，引起了整个科学的繁荣。

3) 公理化的数学诞生于 19 世纪末与 20 世纪初，数学进入成熟期：巩固了自身的基础，并发现了自身的局限性。

4) 与计算机结合的当代数学进入更加广阔的领域，并影响到人类文明的一切领域，数学进入新的黄金时代。

3. 七次飞跃。数学不只是算法和证明，它分出了层次。数学思想的发展，数学领域的扩大呈现了七次大的飞跃。每次飞跃都是新思想、新概念的诞生，是人类对数学的认识又提高到一个新的阶段。值得注意的是，凡是数学史上的新进展都是数学教学上的难点和重点。

1) 从经验几何到演绎几何的飞跃。从几何学的朴素概念长度、面积和体积到几何定理的出现，再从几何定理到公理体系，这中间有两次大的飞跃。这就是欧氏几何的诞生。

2) 从数字运算到符号运算的飞跃，这就是从算术到代数学的发展，发生在 16 到 17 世纪。数学的抽象思维提高到了一个新的高度。数学符号的诞生到今天不到 400 年，但是它大大地促进了数学的发展。

3) 从常量数学到变量数学的飞跃，这就是微积分的诞生。微积分的诞生对科学技术的发展带来了根本性的影响。这可以说是现代世界和古代世界的分水岭。最突出的是航天时代的到来和信息时代的到来。

4) 从研究运算到研究结构的飞跃。这主要体现在抽象代数学的诞生，发生在 19 世纪。这使得数学的研究对象超越了数和形的藩篱，从而数学研究更加广泛的对象。

5) 从必然性数学到或然性数学的飞跃。这就是概率论和统计学的诞生。虽然这两门学科诞生得相当早，但它们的成熟发展却是在 20 世纪。这个学科促使人们的思考方式发生了新的飞跃，使传统的——对应的因果关系转变为以统计学作为基础。这深刻地影响了理论与经验资料相互联系的方式。它给人类活动的一切领域带来了一场革命，而且改变了我们的思考方法。

6) 从线性到非线性的飞跃。非线性科学的诞生和发展是在 20 世纪。混沌学的诞生是一个重要标志。混沌是指由定律支配的无定律状态。数学家梅在 1976 年说："不仅学术界，而且在日常的政治学界和经济学界里，要是更多的人认识到，简单的系统不一定具有简单的动力学性质，我们的状况会更好些。"

7) 从明晰数学到模糊数学的飞跃，出现在 20 世纪。

当我们纵观数学思想这些飞跃发展的时候，我们会有沧海桑田之感。正像一个修道之人，若干年后回到自己的家乡，发现一切都变了：唯有门前镜湖水，春风不改旧时波。

我们会感到，旧的课本合上了。我们在学校所学的知识，已经随着新的发明和发现而变得陈旧了。"科学所带来的最大变化是变化的激烈程度。科学所带来最新奇的事是它的新奇程度。"所以，我们面临的现实是，请君莫奏前朝曲，听唱新翻杨柳枝。

第三部分——广阔用场

§1. 数学与科学发现

1. 数学是发现和发明的工具。数学区别于其他学科的明显特点有三个：第一是它的抽象性，第二是它的精确性，第三是它的应用的极端广泛性。

维纳指出："数学的抽象性让人们抓住本质而忽略非本质的东西。数学也容许人们在不同的领域提出相同的问题，而不必囿于某一特定专业领域。对那些视野开阔、敏感严谨的数学家而言，数学无疑是发现和发明的工具。"

2. 数学是具有穿透力的科学。自然科学的研究对象是宇宙和人本身。在探索自然规律和生命的过程中，数学起了核心的作用。

电磁理论的建立。万有引力定律之后，物理学的最大进展是电磁理论。这是一个最奇妙、应用最广的理论。电磁理论的建立是物理学的第二次大综合。

眼见为实，眼不见为虚。这是大多数人的哲学信条。但是，你能看见电磁波吗？如果我们确信眼见为实、眼不见为虚的信条，那么电磁波就不存在。它不但看不见，也摸不着，尝不到，嗅不出。电磁波恰恰是这样的事物。

眼见为虚，眼不见为实。这是 19 世纪在人类认识史上发生的重大变化。由此开始，人们可以不用眼睛看。这是何等奇妙啊！在当今时代，谁没有看过电视？谁没有听过广播？谁不知道无线电波瞬时可以传到万里之外？电磁波的发现给人类的生活带来了革命性的变化。它是谁发现的？如何发现的？

其实，电和磁的现象早在公元前已被古人发现，但物理学的历史告诉我们，没有量化，就没有深化；没有量化，就没有科学。古人的发现只能被认为是前科学。

1750 年，英国米歇尔发现磁力的平方反比定律，这是磁学的诞生。

1785 年，法国库仑用实验证明了电力的平方反比定律，这是电学的诞生。

这样，电磁学的研究就开始了。下一个伟大的进展是无线电波的发现。

发现无线电波的中心人物是英国物理学家麦克斯韦。他于 1831 年生于爱丁堡，15 岁开始写论文，16 岁进入剑桥大学，可谓才华横溢。

19 世纪，物理学家已经成功地将电磁现象归结为定量的数学形式。静电场与磁场的场行为用两条定律描述，就是众所周知的静电磁定律。电磁感应现象表达成第三定律，现在称为法拉第定律。最后，环绕着带有电流导线的磁场表达成第四定律，称为安培定律。

麦克斯韦对第四定律作了修订。因为这些定律与一些众所周知的连续方程的数学物理定律不一致。对于数学家来说，这一矛盾是不能容忍的。为了解决这一问题，他在安培定律中增加了一项，命名为位移电流，并假定，存在感生电场。这一小小的变动给后来的电磁理论发展带来了深远的影响。

麦克斯韦将四个定律归结为四个方程的方程组。这四个方程构成著名的麦克斯韦方程组。由此出发，麦克斯韦得到两项伟大的发现：

第一项伟大的发现是，电磁波的存在。数学之目看见了它！注意：20 世纪，数学之目又看见了黑洞。

第二项伟大的发现是，光波是电磁波。

尽管麦克斯韦坚信电磁波的物理实在性，但当时的物理界并不接受他的发现。物理学家们仍然坚持眼见为实、眼不见为虚的信条。但科学发展证实了麦克斯韦的预测。在麦克斯韦提出存在这种空间波后 20 年，德国物理学家赫兹正是用麦克斯韦提出的方法产生出了这种电磁波。数学之目的神奇穿透力第一次震惊了世界！而这时麦克斯韦已经去世 10 年了。

物理学又一次大综合。此后不久，越来越多的电磁现象被发现了：紫外线、远红外线、射线等。将各种变幻莫测的现象包括在一个数学方程之中，这是一项伟大的成就。

麦克斯韦的电磁理论在综合体系方面甚至超过了牛顿的万有引力定律。

这是 19 世纪物理学最伟大的成就，是又一次划时代的贡献。

关于麦克斯韦方程组的重要性，费曼说："从人类历史的长远观点看，比如说，从一万年前至今，也许不那么肯定地说，19 世纪最有意义的事件当属麦克斯韦对电动力学定律的发现。在同一年代里，与这一重大事件相比，连像美国南北战争这样的事件都因其地域的限制而显得相形见绌。"

反物质的发现。是否存在一个反世界，其中的一切与我们的世界正好相反？或者降低一点，是否存在反物质，例如，反质子、正电子？如果有，它们是如何被发现的？是先从理论上预言的，还是在实验中发现的？

1960 年，物理学家维格纳写了一篇文章，题目是《数学在自然科学中不可思议的作用》。在这篇文章中，他描述了物理学家发现正电子的故事。他写道：

"数学上的形式体系有时会产生纯粹是物理上的基本而新颖的思想。一个众所周知的例子是正电子的发现：1928 年，狄拉克建立了电子运动的量子力学相对论方程；这些方程也可有一个满意的解释，其质量与电子相同，但却有相反的电荷。人们做了种种尝试，希望对这种解能够得到满意的解释，或者对方程加以适当的修改而消除这种解，但却徒劳无功。这就使狄拉克最终提出一个猜测：存在正电子。"

1932 年，人们在宇宙射线中发现了正电子，这是人类发现的第一个反物质。此后负质子、反分子陆续被发现。这样，反物质就被发现了。

当前，交叉学科是获得成就的重要领域。记住：

在老领域做老问题，你做不过老专家，

在新领域做新问题，你可能成祖师爷。

§2. 数学与人文科学

1. 概况。1971 年 2 月，美国人卡尔·多伊奇等人在《科学》上发表一项研究报告，列举了 1900—1965 年间在世界范围内社会科学方面的 63 项重大成就，其中数学化的定量研究占三分之二，而这些定量研究中的六分之五是 1930 年以后做出的。美国著名社会科学家 D. 贝尔在《第二次世界大战以来的社会科学》一书中指出，社会科学正在变成像自然科学那样的硬科学。

2. 诺贝尔经济学奖与数学。数学在经济学中广泛而深入的应用是当前经济学最为深刻的变革之一。现代经济学的发展对其自身的逻辑和严密性提出了更高的要求，这就使得经济学与数学的结合成为必然。

首先，严密的数学方法可以保证经济学中推理的可靠性，提高讨论问题的效率。

其次，具有客观性与严密性的数学方法可以抵制经济学研究中先入为主的偏见。

第三，经济学中的数据分析需要数学工具，数学方法可以解决经济生活中的定量分析。

第四，经济学中的决策问题也有赖于博弈论。

事实上，从诺贝尔经济学奖的获奖情况可以看到数学对经济学的影响是何等巨大。1968 年，瑞典银行为庆祝建行 300 周年，决定从 1969 年起以诺贝尔的名义颁发经济学奖。获奖人数每年最多为 3 人。到 2001 年共有 49 位经济学家获此殊荣。北大的史树中教授把得奖者运用数学的程度分为 4 等：特强、强、一般和弱。"特强"，指其应用数学的程度大致与理论物理相当，即数学方法在其研究中起着相当本质的作用。按这个标准，获奖者中有 27 位可以评为特强，占全体获奖者的一半以上。

"强"，指使用较多的数学工具，但没有较深刻的数学内容，这样的获奖者有 14 位。这就使人有这样的印象，诺贝尔经济学奖是颁发给经济学界的数学家的。特别是，在 2000 年，电影《美丽心灵》获得奥斯卡奖之后，更使人们认为，诺贝尔经济学奖是颁发给数学家的。《美丽心灵》是根据 1994 年荣获诺贝尔经济学奖的大数学家纳什的传记拍摄的。但是，必须认识到，经济学有经济学的规律，数学只是它的工具，决不能用数学替代经济学。

§3. 数学与艺术

绘画与射影几何。

1. 名画欣赏。请欣赏几幅画（拉斐尔的《雅典学院》，达·芬奇的《最后的晚餐》，霍贝玛的《林荫道》）。达·芬奇的《最后的晚餐》是一幅精美的数学画，达·芬奇花了 3 个月？半年？1 年？不，2 年多才完成这幅传世奇宝！（修道院院长的故事。这正是杜甫所提倡的精神：十日画一水，五日画一石。能事不受相促迫，达·芬奇始能留真迹！）

《最后的晚餐》的数学结构：画框接近黄金矩形。通过矩形的对角线找到"没影点"，这就是耶稣头的位置。对角线分出两对对顶角，12 门徒分别位于水平对顶角的两侧，每侧 6 个门徒，叛徒犹大在左侧，他的头正好在没影线上。整个画面又分成 8 个矩形。内部的 4 个矩形又构成一个中等大的矩形。这个矩形的对角线又分成一对上下对称的对顶角。对顶角上面的一支就是天花板的位置，下面一支是耶稣的构图，近似于一个等边三角形。

作品的真实感和宗教画所必有的神圣感都在其中得到了最好的体现，尤其耶稣的庄严感特别突出。其实秘密就在于画家把全图的焦点定于耶稣的头上。

画家们在发展聚焦透视体系的过程中引入了新的几何思想，并促进了数学的一个全新方向的发展，这就是射影几何。

2. 名画伪造案。(来自《微分方程及其应用》)

弗美尔（1632—1675），荷兰名画家，生前贫困潦倒，死后名扬四方。他是歌颂宁静生活的诗人，描绘光色变化的大师。

范·米格伦，荷兰画家，生前是百万富翁，因伪造弗美尔的画而入狱。

范·米格伦是荷兰的二流画家。他的画尽管便宜但也卖不出去。他精心制作的画连 50 英镑也卖不了。但是，如果同样的作品是弗美尔的，人们会花高出 1000 倍的价钱去买。他知道，弗美尔死于贫困。如果他继续以自己的名字作画，结果也一样。于是他选择了另一条道路：伪造弗美尔的画。他伪造的第一幅作品是弗美尔的《埃牟斯的门徒》。当然，他懂得作旧的技术。他从不值钱的古画上刮去颜料而只用画布。范·米格伦也知道，陈年颜料是很坚硬的，而且不可能溶解。因此，他很机灵地在颜料里掺了一种化学药品，这在油画完成后，在炉子上烘干时就硬化。

但是，范·米格伦的伪造工作有几点疏忽之处，使专家小组找到了现代颜料钴兰的痕迹。此外，他们在几幅画里检验出 20 世纪初才发明的酚醛类人工树脂。根据这些证据，范·米格伦于 1947 年 10 月 12 日被确认为伪造罪，判刑一年。服刑期间他因一次心脏病发作而于 1947 年 12 月 30 日死亡。但是，即使知道了专家组收集的证据之后，许多人还是不肯相信《埃牟斯的门徒》是范·米格伦伪造的。他们的论据是，其他所谓的伪造品以及范·米格伦最近完成的《耶稣在医生们中间》质量都是很低的。他们肯定，美丽的《埃牟斯的门徒》的作者不会画出质量如此之低的作品。事实上，《埃牟斯的门徒》曾被著名的艺术史学家 A. 布雷丢斯鉴定为弗美尔的真迹，并且被伦布兰特学会以 170000 美元的高价购去。

专家小组对怀疑者的答复是，由于范·米格伦曾因他在艺术界没有地位而十分沮丧，他决心绘出《埃牟斯的门徒》以证明他高于三流画家。当创作出这样一幅杰作之后，他的志气消退了。而且，当他看到《埃牟斯的门徒》多么容易卖掉以后，在炮制后来的伪造品时就不太用心了。这种解释不能使怀疑者们感到满意。他们要求一个完全科学的、判定性的证明，指出《埃牟斯的门徒》的确是伪造品。卡耐基·梅隆大学的科学家们在 1967 年做到了这一点，他们使用了微分方程。

第四部分 —— 数学的教与学

§1. 国际数学教育改革运动

克莱因–贝利运动。第一次数学教育改革发生在 20 世纪初，史称"克莱因–贝利运动"。英国数学家贝利提出：数学教育应该面向大众，数学教育必须重视应用。德国数学家克莱因认为，数学教育的意义、内容、教材、方法等必须紧跟时代。改革的方针是，顺应学生心理发展的规律，选取和安排教材，使之融合数学的各分支，密切数学和其他学科的联系，不过分强调数学的形式训练而应强调实用方面，以便充分发展学生对自然和社会的各种现象进行数学观察的能力，以函数概念和直观几何为数学教学的核心。

这次改革对中小学数学教育产生了深远的影响。其缺点是，过分强调实用，忽视系统理论的学习，降低了学生认识活动的起点。后因两次世界大战的影响，这场改革运动未能取得较好的效果。

新数运动。第二次数学教育改革发生在 20 世纪中叶，称为"新数运动"。指导思想属于"精英教育"，其倡导者认为，数学教育的主要任务是培养数学家和其他领域的科学家。他们的代表人物布鲁纳说："不论我们教什么学科，务必使学生理解该学科的基本结构。……与其说是单纯地掌握事实和技巧，不如说是教授和学习结构。"

"新数运动"提倡发现学习，要求学生尽可能像一位数学家那样，看待问题、体验成果并感觉做数学的愉快。在教学目标上，把科学方法，如"探究""问题解决""发现法"和"学科研究法"等作为主要目标，并提倡数学课程"不仅要反映出知识本身的性质，而且要反映出理解知识和获得知识的过程"。布鲁纳说："我们教一门科目，并不是希望学生成为该科目的一个小型书库，而是要他参与获得知识的过程。学习是一种过程，而不是结果。学会学习本身比学会什么更重要。"

"回到基础去"。由于"新数运动"对传统教育采取简单否定的做法，及改革观点过于理想化的严重缺点，新教材也没有先实验再推广，结果以失败而告终。20 世纪 70 年代"回到基础去"的口号又被提出，指导思想是"大众教育"和"数学为人人"。目的在于提高学生的数学素养，促进学生主动地学习数学。

"问题解决"。但是，实践表明，"回到基础去"的运动并没有达到真正提高数学教育质量的目标。接着就是"问题解决"的兴起。1980 年 4 月，美国数学教师协会公布的文件《行动的议程》中指出：

"80 年代的数学大纲，应在各年级都介绍数学的应用，把学生引进问题解决中去。"

"学校课程应当围绕问题解决来组织。"

"数学教师应当创造一种使问题解决得以蓬勃发展的课堂环境。"

80 年代以来，"问题解决"已成为美国和西方数学教育的中心环节。有人甚至认为，在整个教育史中很少有这样的课题同时引起研究者和实践者如此的关注。

大众数学。20 世纪 90 年代以后，国际数学教育界最响亮的口号是，大众数学——Math for all。

这一口号的最初含义是，人人都要学数学，但不是所有的人都学同样的数学。它所追求的目标是，让每个人都能掌握有用的数学，并且不同的国家有不同的大众数学。

提出这一口号的初衷是，传统的数学教育比较重视数学尖子生，忽略了大部分学生的发展。但是，中学的数学教育迫切需要解决的问题不是尖子生问题，而是解决好大部分学生学好数学的问题。这也反映了数学的重要性日益增加的现实。

国际数学教育改革运动为我们的改革提供了借鉴。

§2. 如何教与学

古今之成大事业大学问者，必经过三种境界。"昨夜西风凋碧树，独上高楼，望尽天涯路"，此第一境界也。"衣带渐宽终不悔，为伊消得人憔悴"，此第二境界也。"众里寻他千百度，蓦然回首，那人却在灯火阑珊处"，此第三境界也。—— 王国维

第一境界指高瞻远瞩，以及观察、思考、选择和决断。突出一个"独"字。

要耐得孤独，耐得寂寞，要独辟蹊径。而且，需要孤独，需要寂寞，在大街上挤来挤去不会有所作为。历史上很多重大成就都是在孤独的环境中做出的。牛顿的主要成就是他23到24岁时在他的故乡乌尔索普镇完成的。那时英国闹瘟疫，学校关闭。笛卡儿的《谈方法》是他躺在床上浮想联翩的结果。

第二境界以坠入爱河作比，要求你全身心地投入。灵感与顿悟来自持续不断的艰苦思索。古人讲："思之，思之，复又思之，思之不得，鬼神助之。"

第三境界讲的是顿悟，是柳暗花明又一村。是自我超越，是登上一个新台阶。

我们只谈论几个重要方面，而非全面论述。

1. 致广大而尽精微。任何一门课的学习都要从整体和局部两个方面入手。既重视整体又重视细节，还要重视部分与部分的联系。柏拉图说："我认为，只有当所有这些研究提高到彼此互相结合、互相关联的程度，并且能够对它们的相互关系得到一个总括的、成熟的看法时，我们的研究才算是有意义的，否则便是白费力气，毫无价值。"

就今天的教育状况而言，整体观念更为重要。事实上，对于任何一门科学的正确概念，都不能从有关这门科学的片段中形成，即使这些片段足够广泛。

水泥和砖不是宏伟的建筑。

记住，整体总是大于部分的总和。印度诗人泰戈尔说："采摘花瓣，你将无法得到一朵美丽的鲜花。"

在学习中，力争做到既有分析又有综合。在微观上重析理、明其幽微，在宏观上看结构、通其大义。

2. 澄其源而清其流。在整个中小学时代，数学恐怕是我们最花力气的一门学科。许多同学学得很被动。究其原因可能有两条，一是对数学的重要性认识不足，二是对数学缺乏兴趣。弥补的一种办法是学点数学史。

明历史之变的方法有三。一曰求因，二曰明变，三曰评价。

求因。上溯以求之，看问题是如何提出的。

明变。重理其脉络。考察概念的演变史、方法的进步史。

评价。评价理论的本质、意义和局限性。我们的教材缺少中肯的评价，而没有评价就没有理解。

还要注意的一点是，历史因素与逻辑因素的配合。没有历史，就不清楚事件的意义；没有逻辑，就不清楚事件的结构。因而，我们要：

析古今之异同，穷义理之精微，明理论之结构。

缺乏数学史的研究是当前数学教育的一大缺陷。如国内到今天也没有一部代数史、一部几何史，岂不遗憾？

3. 循序渐进法。就是按部就班地学，它可以给你扎实的基础，这是做出创造性工作的开始。学习好比爬梯子，要一步一步地来。你想快些，一脚跨四五步，非掉下来不可。特别是学数学，一定要由浅入深，循序渐进。对数学的基本概念、基本原理、基本计算技能，一定要牢固掌握，熟练运用。切忌好高骛远，囫囵吞枣，前面还不清楚就急于看后面，结果是欲速则不达，还得回来补课。要记住，越是基本的东西越有用，越是基本的东西越重要，越要求你花力气。勤学如春日之草，不见其增而日有所长。

4. 笛卡儿的方法论。笛卡儿是近代思想的开山祖师。他在著名的《谈方法》的开头两章说明了他的思想历程以及他在 23 岁时所得到和开始应用的方法。他所处的时代正是近代科学革命的开始，是一个涉及方法的伟大时期。在这个时代，人们认为，发展知识的原理和程序比智慧和洞察力更重要。方法容易使人掌握，而且一旦掌握了方法，任何人都可以做出发现或找到新的真理。这样，真理的发现不再属于具有特殊才能或超常智慧的人们。笛卡儿在介绍他的方法时说："我从来不相信我的脑子在任何方面比普通人更完善。"

经过精心的构思，他列出四条原则，这四条原则完整表达了近代科学的思想方法。其大意是：

1) 只承认完全明晰清楚、不容怀疑的事物为真实；

2) 分析困难对象到足够求解的小单位；

3) 从最简单、最易懂的对象开始，依照先后次序，一步一步地达到更为复杂的对象；

4) 列举一切可能，一个不能漏过。

笛卡儿确信，仿效数学发现中的成功方法，将会引出其他领域的成功发现。

马克思在《资本论》的第一卷第二版的"跋"中写了他写《资本论》的指导思想：1) 排除不可靠的说法；2) 将资本分解到最简单的单位，商品，再剖析其中的价值和劳动；3) 从此开始一步步引向最复杂的资本主义的社会结构及其运转；4) 任何一点也不漏过。

马克思使用的方法正是笛卡儿的方法。记住：让复杂的东西简单化，让简单的东西习惯化。

5. 如何以简驭繁。我们把笛卡儿的方法归结为两步：

第一步是化繁为简，第二步是以简驭繁。化繁为简这一步最重要，通常用两种方法：

1) 将复杂问题分解为简单问题；

2) 将一般问题特殊化。

化繁为简这一步做得好，由简回归到繁，就容易了。

数学家永远是从最简单的对象着手的。理由是这样：第一，经验告诉我们，在一门学科里面最简单的，常常同时也是在应用上最重要的；第二，在数学上，常常有这种情形，就是最简单的情形研究完毕之后，其他更复杂情形的研究就能很快而且很容易地化成这些简单的情形。

例：求四面体的重心。

6. 验证与总结。

最后一步是总结学习的经验和收获。这是极其重要的一步，但常常被人们所忽略。笛卡儿说："我所解决的每一个问题都将成为一个范例，以用于解决其他问题。"他还说："如果我在科学上发现了什么新的真理，我总可以说它们是建立在五六个已成功解决的问题上；它们可以看成五六次战役的结果，在每次战役中，命运之神总跟我在一起。"

成功地解出一个题之后，细心揣摩一下解法，回顾一下你所做过的一切。看看困难的实质是什么？哪一步最关键？什么地方你还可以改进？你能给出另一个解法吗？你能把这里的方法用到其他问题吗？举一反三的本领就是这么练出来的。如果你没有将它提供的方法加以总结和提高，那么你就只解决了一个具体问题，那是"捡了芝麻，丢了西瓜"。反过来，如果你解决任何问题都能举一反三，你的能力就会明显提高，你的知识会成倍增长。

7. 刻苦努力——不受一番冰霜苦，哪有梅花放清香。人们通过读书获取知识，提高能力；这是读书的目的。其本身是在一定环境下的自我训练的系统工程，因而必须符合客观规律。读书讲求方法是为了遵从客观规律，而不是取巧。要记住，刻苦用功是读书有成的最基本的条件。古今中外，概莫能外。

马克思说："在科学上是没有平坦的大道可走的，只有那些在崎岖的攀登上不畏劳苦的人，才有希望到达光辉的顶点。"

《中庸》指出，"人一能之，己百之；人十能之，己千之。果能此道矣，虽愚必明，虽柔必强。"

要爱惜时间。提高时间利用率就等于延长生命。俄国诗人马尔夏克关于时间的一首诗写得很好：

我们知道，时间有虚实和长短，

全看人们赋予它的内容怎样。

它有时停滞不前，

有时空自流逝！

多少小时，多少日子，

光阴都是虚度。

> 纵然我们每天的时间
>
> 完全一样，
>
> 但是，当你把它放在天平上，
>
> 就会发现：
>
> 有些钟头异常短促，
>
> 有些分秒竟然很长。

讲求方法，刻苦学习，不断地超越自己。

学生体会

周轩：高中的数学生活简直是噩梦。别看做了那么多题，等高考一完，真正会的东西也就是一些最基本的思想了。而这些东西实际上不需要那么长的时间来学习。现在的高等数学课却是一种全新的模式。期中复习时，我惊奇地发现，在这短短的两个月中，我竟然学了那么多东西，涉及的领域那么广。虽然没有深层次地学习，但师傅领进门，修行在个人，以后再想提高，顺藤摸瓜就是了！数学知识虽然对我来说并不常用，但其思想使我受益无穷。

陈嘉渊：可悲的是，长期的"应试"教育，导致了中国的人文学者对理科的知识了解得少而又少。以计量史学为例，迄今国内无一人敢自称专家。翻遍清华大学所有有关计量史学的书，没有一本是我们中国人自己写的，状况令人痛心。

北大学生：

数学与生活

> 所有直线表眷恋，前后延伸情无限。
>
> 所有交叉表歧路，人生处处有考验。
>
> 所有曲线表爱情，曲折饱含苦和甜。
>
> 所有故事绘人生，周而复始总是缘。

清华学生：与数学的恋爱。在小学时，我与数学是"青梅竹马，两小无猜"。到了中学，功利思想隔阂了我们，我们虽然"终日相伴"，却"毫无感情"。高中毕业了，我与数学是"一刀两断，各奔前程"。谁知，"冤家路窄"，到了清华，又有数学。真是，包办婚姻，无可奈何。上了一个半月的数学课后，味道变了。现在是"旧情重温，自由恋爱，味道好极了"。

北大学生刘丹青:

美妙中的苦涩

小学时, 数学是那么形象有趣。

到中学, 我失去了对她的兴趣。

过多的习题, 使我忘记了数学的真正意义。

我变成了一架没有激情的机器。

带着困惑, 我进入北大历史系。

第一节数学课, 我难以忘记:

怀着忐忑不安的心情,

我坐在一个角落里。

说来真是神奇, 一节课后,

发现了我的担心是多么多余。

我明白了,

数学竟是这样地有魅力!

思维终于被激活,

我激动不已。

思维是一种宝库,

数学是宝库中闪光的金币。

我决心念好数学, 即使没有实际功用,

也不遗余力。

报告到此结束, 欢迎批评。

参考文献

[1] 莫里斯·克莱因. 古今数学思想. 张理京, 等, 译. 上海: 上海科学技术出版社, 2002.

[2] A. D. 亚历山大洛夫, 等. 数学: 它的内容, 方法和意义. 孙小礼, 等, 译. 北京: 科学出版社, 2001.

[3] 美国国家研究委员会. 人人关心数学教育的未来: 关于数学教育的未来致国民的一份报告. 方企勤, 等, 译. 北京: 世界图书出版公司, 1993.

[4] 和田秀树. 数字, 成功之本. 朱丽真, 陈澄, 译. 汕头: 汕头大学出版社, 2004.

[5] 和田秀树. 数字专家最抢手: 如何打造一个数学头脑. 朱丽真, 陈澄, 译. 汕头: 汕头大学出版社, 2004.

高中数学与大学数学

朱富海

朱富海，南京大学数学系教授。

2019 年前后我在公众号"数林广记"中写的系列文章是关于代数学发展史的，主要是面向高中生和大学数学系的本科生，希望搭建一座桥梁，为高中的初等数学与大学的近现代数学建立联系，或许可以给喜欢数学的学生一些（未必合适的）引导，让他们了解一些近现代数学尤其是代数学发展的历程，激发（也许是浇灭）他们学习数学的热情。之所以选择这些问题，是因为它们是代数学发展的基石，其发展历程富有启发性，能给予学生们很好的训练，让他们通过自己的思考去重复前人的发现，体会"再发现"的乐趣，从而领悟数学思想。这个过程或许有助于他们今后的科研探索。然而，十多年的大学教学经历告诉我，上述想法的实现其实很难，因为我们的教育尤其是中学教育是畸形的，存在着太多的不足，搞不清先天的和后天的哪个比重更大。需要说明的是，以下的思考是基于本人在大学的教学经验和教训做出的，也结合了少许的与中学老师的交流。

1. 大学新生的问题

每次教大一的课程，我都会在期中考试后让学生们写一个总结，希望他们能够反思一下进入大学后的几个月的学习情况。在日常教学过程中，我常常发现他们身上有太多应试教育的难以磨灭的痕迹，这导致学生们明显不适应大学课堂。或许他们能通过自我反思转变思维方式，找到适合自己的学习方法。从学生的反馈看，很多人上大学前对大学生活完全是陌生的，上了几个月课，觉得被大学骗了，或者是"被高中老师骗了"。大学的宣传可能正能量偏多了一点，而可能不止一位高中老师跟学生们说过：你们苦过这三年，上了大学就轻松了！然而真正的大学生活似乎完全不是这回事，当然不排除在某些大学或者某些专业可能是非常轻松的。在这样的氛围里，学生们表现出了各种能力的欠缺。

第一种是自理和自控能力不足。学生们高考结束后甚至是在获得保送资格之后就解脱了，他们用包括撕书在内的各种举动来宣泄心中压抑已久的情绪，如同一根弹簧被拉伸到弹性限度之外，再也没有了弹性。进入大学后，很多学生对所学专业缺乏兴趣，失去奋斗的目标，关键是没有了来自老师和家长的压力，无法恢复到高中时的学习状态，经常打游戏度日，甚至成为网吧的常住人口。在这个过程中，来自家长、老师、辅导员或者同学的帮助都起不了作用，一些学生只能选择休学甚至退学。如果以上还算是个别情况的话，普遍情况是在超过半数的大学课堂有超过半数的学生在低头看手机。

第二种是主动意识不够，这表现在很多方面。

首先是不会自主学习。有个学生曾经告诉我说平时除了吃饭睡觉就是学习，但是我发现他的效率不高，比如问他什么是行列式，他会说出定义，再问他为什么要引入行列式，他说不上来，而我曾在课堂上花了一节课时间从低阶方程组求解探索规律从而引入行列式的定义，他对此毫无印象！提到 Cramer 法则，他答得上来也会用，但是对于如何证明 Cramer 法则毫无头绪。这不是个别现象，不少学生还在用高中划重点的方式学习数学，习惯性地把定义、命题和定理作为重点画出来，死记硬背，而自觉或不自觉地过滤掉数学概念的背景，无视命题、定理等之间存在的内在联系。这种零散式的学习数学的方式自然是事倍功半。

其次是缺乏动手的意识。在课堂上经常遇到这样的情况：讲到一个新的知识点，我在黑板上写下一个问题，然后停下来让学生们思考，结果全班同学都坐在那儿一动不动。我忍不住提醒他们：这个问题不动笔算一算能看出结果吗？这时候教室里会响起一片嘈杂声：学生们在翻书包找笔和草稿纸！在一门课的前一个多月中，类似的情况会反复上演，慢慢地学生才习惯上课前准备好纸笔随时推导演算。当然也有一些学生虽然没有动笔但的确在思考，但这种思考容易浮于表面，真正写下来常常破绽百出。

再次是没有主动交流的意识。有些学生也能意识到自己学习方法的问题，但是由于各种原因，不会主动求助于老师或者同学。上课时明明没有听懂，也羞于启齿提问。他们不知道，如果问出来，哪怕是很初等的问题，也可以迅速地解答自己的疑惑，从而提高课堂效率。

最重要的还是主动探索能力匮乏。在过去的十几年里，我教过几届大一学生，也面试过不少学生，中学生和大学生都有，大部分学生通常会在两类问题上不知所措。一类问题是常规的，比如求一些数列的通项公式，有的学生会套用方法，如果追问一下为什么这个方法是可行的，大多数的回答是书上是这么写的或者老师是这么教的。大部分学生没有主动意识去问为什么，也没有主动探索一下方法背后的原因。另一类问题是开放式的，比如先解释一个没有接触过的概念，然后让学生们举一些例子或者做一些简单的推理，很多学生会束手无策，不知从何下手；给一些提示，试图引导他们去做一些初步的探索，也会发现阻力很大。惰性在不知不觉中已经形成了。

第三种是接受新知识的能力不足。有一次在国外访问，与一位同行聊中美学生的差异，得到的共识是美国学生的接受能力很强，对于新事物，他们能很快接受下来，然后再去深入理解；而大部分中国学生做不到，他们接受新知识的套路是老师课堂反复讲，课后练习反复做，经过了很多遍的重复之后终于对新知识有了一些了解。有人说中国方式可以打牢基础，或许可以做到厚积薄发。然而现实是，我们未必总有那么多时间来打基础，比如听一个学术报告，前五分钟介绍了一个新的研究对象，后面几十分钟介绍目前的研究方法和进展。然而几十分钟时间还不够我们的学生来好好理解这个新概念，也没有辅助练习题可以做，报告的后面几十分钟只能是完全迷失了。

2. 教学差异

出现以上各种问题的根源需要到中学去找。有句话是"分，分，分，学生的命根"，很准确地刻画了中学生的处境。现在的大学里，学生们对分数的关注度也到了一个前所未有的高度，这着实令人诧异！然而在实质性的教育层面上，国内的中学教育与大学教育存在很大的不同，两者如同四轮马车与高铁一样难以衔接。受专业所限，我只就我所了解的数学教育进行探讨，其他学科不便置喙。

每年都有几百万学生进入大学，需要学习令不少人头疼的高等数学，其中有数万名学生进入数学院系，要系统学习以数学分析、高等代数和解析几何为基础的数十门专业性很强的数学课程。大学数学与高中数学有显著的不同，这可能出乎很多大学新生的意料，以至于一些在高中（或者高考）时表现很好的学生也非常不适应。

从教学内容上看，中学教材采用模块化方式，知识点比较散，几乎涵盖了数学的所有分支。广度有了，自然不能深入，每个知识点都是浅尝辄止，所以看起来比较直观易懂，能力强一些的学生看看书可能就会了。但深度不够导致一个很大的弊端，"高中的数学知识是欠逻辑的"（学生的话），也就是知识点之间缺乏联系，本该有的一些联系被距离遥远的模块彻底淡化。而大学数学就系统得多，中学课本里的大部分章节都是大学数学的一门课或者一个研究方向，甚至一个专业。每门课都集中于一个数学分支，严密抽象，理论性强，需要学生有较强的逻辑推理能力。课程内容都有足够的深度，既自成体系，又上下关联。有人说，大学里一周学到的数学内容比高中三年学到的都多，可能有点夸张，换成一个学期就应该没有争议了。

从老师的讲课方式上看，两者大相径庭。中学数学内容比较少，老师们通常采用的是"一停，二看，三通过"的原则（不一定准确）：讲完一个知识点，中学老师都会停下来，给学生足够的时间消化吸收，还要辅之以一定的例题和练习。然后看看学生们掌握的情况，根据需要不断地重复教学，用大量的题目让学生们课后反复练习，还有各种周考月考。重复了一定次数以后，大部分学生掌握了，于是继续下一个知识点。中学老师几乎了解班上所有学生的特点，有一定的时间保证可以适当做一些面对面的辅导。而大学课程如果不是水课的话，一般都节奏快，知识容量大。大学老师会不断向学生灌输新的知识，一般不会停下来复习，充其量是在用到某个学过的知识点时提一下，但也只能蜻蜓点水，点到为止。大学的师生关系要比中学的远了许多。一个学期下来，任课教师叫不出几个学生的名字是很正常的；如果任课教师能叫出班上所有学生的名字（当然学生不少于 20 人），那反而是一件很奇怪的事情。大概是作为回应吧，也有学生上了一个学期的课不知道任课教师的名字，甚至不知道老师长啥样。2002 年我在北大做博士后时讲习题课，期末考试前有个学生去办公室找我答疑，见了我的第一句话是："请问朱老师在吗？"

从学生的学习方式看，差异很大。很多学生都有同样的体会：中学数学是刷题刷出来的，或者准确地说，中学数学给他们留下的最深（希望不是全部）的印象是刷题。学生们总有做不完的练习题，其中很大一部分是机械性的重复。在大量的重复训练中，学生们形成了条件反射，会套用一些方法快速做题，从而能有效应对考试。然而这种训练方式的后果是明显的：学生们穷于应付作业，根本没有时间思考，或者更严重地，他们根本没有产生要思考的念头！长此以往，他们的思维能力在退化，接受新知识的能力也在退化，因为没有足够的重复次数，他们学不明白新知识。这些都给学生的大学生活带来了隐患，因为大学数学一般是刷题刷不出来的，很多课程没有那么多习题供学生练习，很多高年级的选修课的教材根本没有课后练习！有人说数学研究不是玩技巧的，而是玩概念的，很有道理。大学的很多课程都是数学家们对一些问题感兴趣，提炼出其中共性得到一个新的概念，围绕这个概念进行探索，逐步建立起一个新的数学理论，原始问题在新的理论下一步步获得解决。这样的课程对初学者是有一定挑战性的，光看书已经不容易懂了，因为他们从书上看不出或者根本不关心问题的起源和探索路径，自然也不明白为什么要讲那些看起来不那么友好的数学命题。对大部分学生来说，课前适当预习，了解一下课程的框架，带着问题听课效果会好一点，否则课后复习难度较大。有的学生就反映，复习过程有时要花费比听老师讲课更长的时间。

3. 中美教育

不得不提一下中美教育的对比。在这方面，仁者见仁，智者见智。从学生平均的数学能力看，东风压倒西风，比如公认的中国学生数学基本功扎实，而美国学生常常出现算 2×2 也要动用计算器的奇葩事。从顶尖学生的表现看，西风压倒东风。

最近几年的每年 8 月初都有一件在国内引起广泛关注的事情，那就是国际数学奥林匹克的结果。原因很简单，中国队在 2015—2018 这四年都没有获得团体第一，而之前被碾压的美国队有三次独占鳌头，而 2019 年的结果是中美并列第一。听听美国奥数队领队、卡耐基·梅隆大学数学系教授罗博深（Po-Shen Loh）怎么说的吧："我觉得最重要的不是比赛的输赢"，"对我而言，有这个机会带领这些学生尽情享受数学，让更多人喜欢数学才是最重要的；我最希望的不是现在催他们做这些奥数题目，而是让他们真的学到一些更有用的东西，这样可以让他们以后有一个非常好的、非常成功的未来"。因为他认为，18 岁不应该是终点而是出发点。在培训的过程中，罗博深和他邀请来的各行各业的其他教练"不仅仅只是教授这些学生奥数的方法，而且教他们真正的数学，这些数学不只是 IMO 需要用到的"。教练们也会和学生们交流，数学奥林匹克竞赛这条道路可能会通向哪里。大概正是这种以兴趣为导向、以未来为目标的理念和围绕这种理念的有效行动才是美国奥数在近几年崛起的真正原因，并且在美国领先于世界的数学研究队伍的支持下，这样的势头是可持续的。这样，一大批对数学有浓厚兴趣的学生会不断涌现出来，成为数学研究领域的生力军。

美国大学的数学研究者们对于学生包括中学生的培养的确非常有热情，比如一些名校的博士生在暑假期间常常有打工的机会，主要任务是指导一些高中生尝试做科研。2011 年，MIT 的 Pavel Etingof 教授与另外六位作者合作出版了一本书，题目是 *Introduction to Representation Theory*。这本书的内容包括代数、有限群、箭图（quiver）表示论，以及范畴论和有限维代数结构理论，其中的大部分内容在国内高校数学院系的本科甚至研究生课程中都讲不到。在 Etingof 的主页可以找到这本书的 PDF 文件。他在前言中说，这本书是他在 2004 年给其他六位合作者的授课讲稿，而这六位听众当时都是高中生! 其中的 Tiankai Liu 应该是华人，在 2001、2002、2004 年三次代表美国队参加国际数学奥林匹克都获得金牌。还有一位合作者是来自 South Eugene 高中的 Dmitry Vaintrob，他在 2006 年获得面向高中生的 Siemens 竞赛的第一名，论文题目是 *The string topology BV algebra, Hochschild cohomology and the Goldman bracket on surfaces*，论文已经涉及很深的数学理论，在 Dmitry Vaintrob 的主页上也能找到。

Introduction to Representation Theory

Pavel Etingof, Oleg Golberg,
Sebastian Hensel, Tiankai Liu,
Alex Schwendner, Dmitry Vaintrob,
Elena Yudovina

with historical interludes by
Slava Gerovitch

Etingof 与中学生的合作

　　再看看我们在做什么。曾经看过一道竞赛训练题，其本质是把八位数 19101112（华罗庚先生的诞生日）分解质因数。很容易找到因数 8，然后就一筹莫展了。后来借助网络工具才知道 $19101112 = 8 \times 1163 \times 2053$。看到结果有点傻眼了：有谁能只用纸笔得到这个分解？后来发现自己孤陋寡闻了，有学生说这种分解质因数早就背过！细细一想真的极为恐怖：他们为什么要背这个？他们又背了多少类似的东西？

　　类似的事情大数学家 Euler 做过，只是要有意义得多，不可同日而语。Fermat 曾猜想形如 $2^{2^n} + 1$ 的数都是素数。差不多一百年后的 1729 年，Euler 知道了这个猜想；三年后，他终于发现 $2^{2^5} + 1 = 641 \times 6700417$，从而否定了 Fermat 的猜想。可以想见，当年 Euler 仅用纸和笔当然还有他那无与伦比的大脑进行演算时经历了怎样的难度。当然，Euler 不是完全用蛮力，他摸索出来一个高效的方法，在 *How Euler Did Even More* [5] 一书中有一节专门探讨了 Euler 是怎么得到上述因式分解的。

　　无独有偶，与 Euler 齐名的德国数学家 Gauss 在前人的基础上猜想：小于正实数 x 的素数个数 $\pi(x)$ 与 $x/\ln x$ 差不多。Gauss 是在统计了 3000000 以内的素数之后得出的结论。他的猜想后来被证明了，进一步的研究（估计的误差）涉及更深刻的数学问题。

　　2007 年，E_8 的根系图曾经风靡整个世界，占据了不少国际主要媒体的重要版面，甚至出现在一些时装上。下页的左图是 John Stembridge 用计算机画的图，其中有 240 个点及一些点之间的连线。它是一个具有高度对称的数学研究对象（例外李代数 E_8 的根系）在平面上的投影，具有令人震撼的对称美。然而更让人吃惊的是图中右边那张呈现同一个数学对象的图片，它是 Peter McMullen 在 20 世纪 60 年代用铅笔在纸上画出来的！

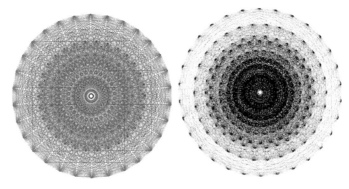

E_8 的根系

想想挺有意思：杰出的数学家们用他们的智慧和汗水去探索和展现数学之美，而我们花费了大量时间和脑细胞记忆一些很容易遗忘的意义不大的知识点，轻轻松松地毁掉数学之美的同时顺便浇灭了学生们的求知欲。

4. 衔接的困难

横亘在高中和大学之间的是高考这座千仞大山。在相当长的一段时间内，高考不太可能做太大的改动，中学教育也不太可能做实质性的改革——当然免不了一些自上而下的折腾。所以，中学教育的主要问题在短时间内是无解的。2019 年 6 月，在北京大学和华东师范大学联合举办的"共创双一流本科教学研讨会"上，基于目前大学生的基本数学素养的匮乏，我提议希望与中学对接，大学教师到中学去传播真正的数学思想。我曾经到中学去给高中生和高中数学教师作过一些报告，介绍数学思想和数学发展史，只是时间短暂，效果可想而知。我不知道有没有其他的大学数学教师去中学开设选修课，以期与大学数学衔接。北大中文系的钱理群教授做过语文方面的尝试，这对我们有一定启发。钱老师退休之后投身中学教育十余年，在包括他的母校南京师范大学附中在内的不少中学实践他的语文教育理念，结果是"屡挫屡战，屡战屡挫"，"节节败退"，直到几年前宣布退出。学生们说，不是不想听他的课，可是他讲的内容与高考无关，有幸的话高考之后再找机会听。钱理群教授感叹：在现行的中国中学教育体制下，应试教育之外的任何教育都很难进入校园。不过，钱理群唤醒的为数不多的中小学教师还在"绝望中抗争"，他们希望探索一条素质教育之路，当然前提是对高考有帮助，然而这种探索的难度是很大的。数学教育的尝试也将面临同样的问题，无法回避。

首先，大部分中学教师具有足够的能力和正确的理念来实施素质教育吗？因为女儿在上学，近十余年我还是比较关注中小学教育的，也自以为是地发现了中小学教育的若干问题，比如重复做同一份试卷，抄写各知识点很多遍，背教参上的标准答案，有趣的历史、地理也僵化成一个个冷漠的知识点，甚至有不少老师为了应付作文考试让学生提前把各种题材都写一篇，反复修改后"背"下来，考试时默写到试卷上！更要命的是这种现象是普遍的！

其次，设身处地地想一想，中学老师有余力实行所谓的素质教育吗？近有期中、期末各种统考，还有月考甚至周考，远有至关重要的高考，这些考试在很大程度上"考的就是熟练程度和对陷阱的敏感度"（学生的话），大量重复训练成了一种必然。而学生的成绩应该是衡量老师的教学效果的唯一标准吧，谁愿意吃力不讨好地花更大的精力实施短期难以见效的所谓素质教育？班上的学生人数多且水平参差不齐，不太可能有某一套素质教育方案适合所有的学生，也没有时间对每个学生进行所谓的因材施教。

第三，素质教育有足够的市场吗？对于大多数学生来说，如果在高考中失利，即使带着不错的素质进入不太理想的大学，其结果也是难如人意的，其中应该会有一部分人能脱颖而出，但比例不会太高。孩子是一个家庭的未来，对很多家庭来说似乎是唯一的希望，所以一些探索素质教育的学校和老师遇到的最大阻力是来自家长，甚至是学生。钱理群曾经感慨，我们在培养一些"精致的利己主义者"。当然板子不能只打在学生身上。

尽管如此，探索之路应该也必须要走下去，或许可以走得灵活一点。素质教育不应该也没必要与高考冲突。就数学教育而言，如果我们不是把宝贵的时间花费在大量重复训练上，而是有意识地引导学生们去探索书本上的知识，让学生们在碰壁的过程中领悟数学的奥秘，在上下求索的过程中发现数学好玩，不知不觉中具有了探索未知领域的勇气，提高了逻辑思维和解决问题的能力，这对于应付高考即使不是如探囊取物一般也会起到催化剂的作用吧。在这方面值得借鉴的是 Moore 方法。1911 年拓扑学家 R. L. Moore 在宾夕法尼亚大学的研究生拓扑课程中，先把课程内容切割成几十个定义和命题，要求学生在不看参考文献的前提下独立完成证明，并在课堂上讲解自己的思路，Moore 和学生一起听课并参与讨论、点评。1920 年以后，该方法渐渐在国外流行起来，有相当一部分大学数学系开设类似课程，例如著名数学家 Halmos 就曾用 Moore 方法给一年级本科生开设线性代数课程。当然，这个方法推广到中学是否能收到预期效果很难说，因为这对于师生的要求都很高。一方面，教师需要站在一定的高度融合课程内容，并把课程内容分割成难度适中的问题，既要有一定的难度给学生们适度的挑战，又要保持整体的连贯性，让学生们在探索过程中逐渐领悟问题的前因后果；另一方面，需要学生有一定的自学能力和探索精神，在一定的引导下坚持自主探索解决问题的方法。学生的整体水平是参差不齐的，教师要随时准确了解学生的状况，根据学生的能力做适当调整，以免"画虎不成反类犬"。从我在大学课堂中的实践来看，难度不小。

按照德国著名数学家和教育家 Klein（克莱因，1849—1925）的观点，中学数学教师要做好引导必须要"从站得更高的视角来审视、理解初等问题，只有观点高了，事物才能显得明了而简单"。目前，大部分中学数学教师未必具有这样的素质，因为他们不一定是数学系毕业的；即使是数学系毕业的，当年所学到的大学数学也忘得差不多了，记住的部分也很难与中学教育相结合。目前的教育环境让中学老师也疲于奔命，没有精力去了解各种数学理论及其发展史，更谈不上在教学中适当引导学生。在这方面大学应该承担应有的责任，与中学建立紧密的合作关系，在探索过程中提供必要的火力支援。郑州外国语学校曾经做过有益的尝试。他们与几所大学合作，请大学老师为他们的数理化三科的教师讲授与中学课程有紧密联系的大学内容，以期让教师们站得更高，从而更有针对性地进行教学工作。不管效果如何，这是走出了有前瞻性的第一步，如果能持续下去，效果会显现出来的。

大学课堂更应该成为素质教育的主要场所，因为相对中学而言，大学具有先天的优势。大学不再面对高考指挥棒了，可以自主安排教学计划，尝试不同的培养模式。大学生也不用再围绕几个主要科目了，而是进行有专业性的选择，尽管这种选择未必是根据个人兴趣做出的。大学教师也有条件按照好的教育理念来实施教育，虽然目前的评价机制让教学沦为鸡肋。大学更需要在教育理念上做变革，做一些有意义的实质性探索，而不是仅仅在各种场合空谈教育理念。我们要走的路还很长，因为大学数学教育有自身的严重问题。比如，Van der Waerden（范德瓦尔登，1903—1996）的名著《代数学》（*Algebra*）中大概是为了叙述方便，把一个明显的小结论写成了命题的形式。一位老先生在写书的时候美其名曰"挖补定理"，结果国人如获至宝，又是注记，又是探索，又是推广，为之发表了数十篇文章，顺便也写入教材，纳入习题，忙得不亦乐乎。发表文章是为了生存，这倒也罢了，要命的是学生们都好骗，工工整整把"定理"及其证明都抄写下来以备不时之需。这招的确有点用，一些半开卷的数学考试是允许学生们带一张写满字的 A4 纸到考场的，于是学生们也多了一项技能，能在一张纸上尽可能地写下更多的字。这不由让人有了一点憧憬：过一段时间后学生们应该有能力在一张纸上抄下整本书，这可是与微雕有异曲同工之妙啊。更有趣的是，也许是有的考试要求学生们只能带写了一面的 A4 纸（可能只是段子，没有考证过），学生们就活学活用地"发明"了只有一面的 Möbius 纸。也有一些考试的题目有七八十分的往年考题，于是，考前辅导班就应运而生了，都是高年级同学义务做的，并且还赠送精心收集的往年考题收藏版。当然也可能会搞砸了，因为任课教师偶尔也会一时心血来潮换题了……

5. 探索之路

就像罗博深教授所说的，"带领学生尽情享受数学，让更多人喜欢数学才是最重要的"。然而做起来并不容易。有句老话说得好：兴趣是最好的老师。然而在教学过程中，我们会发现情况很不乐观：真正对数学感兴趣的学生屈指可数。学生们是从什么时候开始丧失了对数学的兴趣？我们应该如何呵护学生们脆弱的好奇心，让他们"不惮以前驱"，敢于探索数学，发现和欣赏数学之美；擅于应用数学，解决生活中遇到的问题？

挪威数学家 Abel 曾经说过，应该读大师的著作，这样才能更好地向大师们学习。当然，对于大部分人而言，读大师的原著既不现实，也没必要。由于近几百年尤其是近一百年的发展，数学已经今非昔比。现代数学有更精准的语言，更合理的记号，更深刻的理论，从而可以更简洁明快地阐述以前的数学。

高中有一门选修课是数学史，问学生的时候，不少人说不知道；有的说好像有一本教材，只是从来没开过课。历史首先是精彩的，如果只是时间、地点、人物、事情的流水账，比如赤壁之战写成："东汉末年，在长江赤壁一带，孙刘联军以火攻大破曹军"，那就成了简单的"归纳中心思想"，毫无趣味了。看看《资治通鉴》或《三国演义》的描写，情节曲折，跌宕起伏，令人不忍释卷。更重要的是，作为历史上为数不多的以弱胜强的战役，苦肉计、连环计，妙计迭出，给后人留下了太多可借鉴的地方，又有多少文人墨客争相传诵，成就了多少千古名篇。

翻过几本数学史方面的书籍，包括高中教材，大多数乏善可陈，其主要问题就是记流水账，既缺乏精彩的语言文字，又没有必要的数学理论的推理。要知道，与人类发展史一样，数学发展史同样也是波澜壮阔的，尤其是数学家们经过多年的苦心探索，在某一个历史时刻灵光乍现，新的思想火花的迸发实现了历史性的突破，其精彩程度不亚于一场惊心动魄的战役，有时还是结合了多国数学家智慧的世界大战！而其中的数学思想是弥足珍贵的财富，是数学史教材中应该花大力气展现的地方，因为这才能让后人了解到奇妙的数学理论的发展历程，领悟到其中闪光的思想，从而得到借鉴和启发。

其实每一本数学教材就是一部数学思想史，是前人多年智慧的结晶。只是大多数教材都是把数学理论单独拿出来，其中充斥着从天而降的定义、晦涩难懂的命题、看似精彩但却莫名其妙的证明，这难免令人望而生畏；再加上多如牛毛的练习，学生们的好奇心和求知欲逐渐被消磨殆尽了。等到他们进入大学学习更为系统的理论的时候无所适从，搞得大学数学教育也很狼狈。所以教学中的一个关键之处是把略显枯燥的数学理论与流水账式的数学史更好地结合起来，引导学生们追随前人的足迹，走数学家走过的路，切身经历数学发展的历程，体验数学研究的苦与乐，感知数学家们在历史突破的那一瞬间的情怀。这样，学生们通过自己的努力重复前人的发现，体会"再发现"的乐趣，就能更好地欣赏数学之美，领悟数学思想，体会到数学好玩，而不仅仅满足于记住结论，会做难题或考个高分。大部分数学理论都是从实际问题中来，最后又回到解决实际问题中去，所以学生们如能应用所学的数学知识解决身边的问题，他们的好奇心会被激发，求知欲会增强，探索能力得以培养。当然，"冰冻三尺，非一日之寒"，要改变现状实现目标谈何容易！不过，也不可小视微薄的个人之力，"蚍蜉撼树"未必是贬义词。

钱理群教授在中学进行的语文教育的尝试失败了，如果进行数学方面的尝试结果会如何呢？这是我很想知道的事情。在数学教育过程中，问题引导的方式应该起到关键的作用。当然，问题的选择很关键，也是最为困难的。哪些有趣的数学问题可以介绍给学生，供其中力所能及的并且有兴趣的学生探索？初步的选择自然是课本知识的整理和升华，这即使是对于考试来说也是不无裨益的。除此以外，最好是选取在数学发展史中起到关键的推动作用的问题，沿着历史足迹走，按照人类的认知规律进行教学。我根据自己的研究兴趣列举一些有趣的问题，不过没有经过实践检验，未必适合大部分中学生。

首先是代数学。我在公众号中写了代数学发展史方面的系列：尺规作图、高次方程求根、线性方程组、线性空间、群、环、域、表示论等。这个历史过程可以参看文献 [2]。其中的很多问题都是从中学代数学内容中稍微提升一下即可。

其次是微积分。中小学阶段至少有两个遗留问题：圆和矩形的面积公式。估计有不少人会觉得矩形的面积公式没问题，实际上这需要一个中学证明不了的平行线分线段成比例定理。这两个问题的核心就是微积分，微积分的历程可以参看文献 [3]。

第三是几何学。中学的平面几何在大学里用得很少，倒是中学不怎么用的尺规作图有用处。古希腊还有一个杰出成就是知道正多面体只有五个，这个问题很有意思，与群论有关，也与更深刻的数学理论有对应。当然更深刻的就是几何公理尤其是平行公理的独立性问题，这引出了非欧几何。

第四是数论。众所周知的 Goldbach 猜想的影响力并不像它在国内的名声那样，真正有趣的是 Fermat 大定理。Simon Singh 的杰作《费马大定理：一个困惑了世间智者 358 年的迷》[6] 堪称此类书籍的典范。其中会涉及 Bernoulli 数，这与 $S_m(n) = \sum_{k=1}^{n} k^m = 1^m + 2^m + \cdots + n^m$ 的公式有关，也与很多数论问题如 Riemann 猜想关系密切。当然初等数论也有很多有趣的问题 [1]，不过如果懂一点群论再看初等数论会好很多，不论是理解理论本身还是欣赏其中的美。

　　第五是组合数学。有趣的问题很多，只举一个我关心的问题——和谐图。考虑一个连通图（也就是由平面上一些点——称为顶点——和某些顶点之间的连线得到的图，整个图形是连在一起的），给每个顶点赋一个正整数值。如果存在一种赋值方法使得每个顶点的赋值的 2 倍等于与之相邻的顶点的赋值之和，则称这种图为**和谐图**。例如

　　这个图在代数里也能见到，它与前面提到的 Peter McMullen 的铅笔画是一回事。从某种意义上说，它与正二十面体也是一回事，算是代数、几何、组合的联合体。当然不仅仅是这一个图。读者可以尝试把所有的和谐图都找出来，它们与所有正多边形和正多面体有完美的对应关系（McKay 对应），也与代数学的其他分支如 Lie 群、Lie 代数、箭图等有密切关系。

6. 结束语

　　以上都是一家之言，由于对中学教学不是很熟悉难免有失偏颇。教育是一个长期的事情，不能看短期效应。其中的很多问题需要探索，很多想法需要实践检验，需要有思想的数学教师的参与，更需要有好奇心和求知欲的学生的参与。欢迎有想法的同行来探讨数学教育问题，也欢迎感兴趣的学生来探索一些有趣的数学问题，我的邮箱是 zhufuhai@nju.edu.cn。

参考文献

[1] Baker A. A Concise Introduction to the Theory of Numbers. London: Cambridge University Press, 1984.

[2] Derbyshire J. 代数的历史: 人类对未知量的不舍追踪. 冯速, 译. 北京: 人民邮电出版社, 2010.

[3] Dunham W. 微积分的历程: 从牛顿到勒贝格. 李英民, 等, 译. 北京: 人民邮电出版社, 2010.

[4] Klein F. 高观点下的初等数学. 舒湘芹, 等, 译. 上海: 复旦大学出版社, 2011.

[5] Sandifer C E. How Euler Did Even More. Washington D. C.: Mathematical Association of America, 2017.

[6] Singh S. 费马大定理: 一个困惑了世间智者 358 年的迷. 薛密, 译. 上海: 上海译文出版社, 2005.

俄罗斯为何不再有大数学家？

Holger Dambeck

译者：吴帆

> Holger Dambeck，德国资深科学记者，《明镜周刊》科学部主任。
>
> 吴帆，对语言重度痴迷的 A level 数学教师，迄今教龄 14 年，且关注数学传播近 20 年。

佩雷尔曼、柯尔莫戈洛夫、马尔可夫——苏联产生了众多的数学天才。如今，天才工厂已经荣光不再，个中缘由不尽相同。

莫斯科西南区的列宁山为瞭望俄罗斯的首都提供了绝佳视角。山脚下莫斯科河蜿蜒而过，紧紧围绕着 1980 年夏季奥运会的主赛场，克里姆林宫就在六公里之外。山顶矗立着壮丽的莫斯科大学主楼——在几十年的时间里这里一直是数学家的麦加。

......

全苏各地如柯尔莫戈洛夫等彼时最勇猛精进的头脑曾汇聚在这里。20 世纪 50 年代末，数学力学系（简称数力系）的兴起开启了苏联数学的数学黄金年代。佩雷尔曼、柯尔莫戈洛夫、马尔可夫——苏联产生了众多的数学天才。如今，天才工厂已经荣光不再，个中缘由不尽相同。

例如，谢尔盖·诺维科夫（Sergei Petrovich Novikov）1960 年左右毕业于该系，10 年后他成为首位接受声望卓著的菲尔兹奖章的苏联数学家，这是该领域的最高荣誉。

西方同行们透过西里尔字母的迷雾如饥似渴攻读俄语，就是为了能在第一时间抢先读到来自东方的最新出版物，而不是等到过几个月翻译成英文之后。苏联数学家们的大名塑造了这个领域——诸如马尔可夫链、李雅普诺夫指数、查普曼-柯尔莫戈洛夫方程、沃洛诺伊图。

莫斯科大学主楼

东方理论家的崛起绝非巧合：在中小学就举办各种数学竞赛将天才们系统性地从全国各地挑选出来。在一年一度的国际数学奥林匹克上，苏联学生们将一面面金牌收入囊中。从 1960 年到 1992 年，苏联[1]在该项赛事中 14 次得到世界第一（见下图）。

国际数学奥林匹克的国家排名

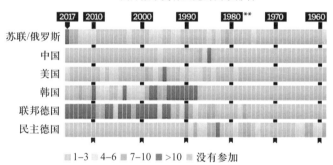

1-3 ■ 4-6 ■ 7-10 ■ >10 ■ 没有参加

一度苏联称霸，而今中美韩三分天下

格里高利·佩雷尔曼（Grigori Perelman）、斯坦尼斯拉夫·斯米尔诺夫（Stanislav Konstantinovich Smirnov）这样的奥赛奖牌得主后来更进一步成长为出色的研究者，荣获菲尔兹奖。佩雷尔曼因为证明庞加莱猜想而在 2006 年得到该奖，斯米尔诺夫在 2010 年获奖。二者都曾在苏联接受了基础教育，并都获益于苏联有意为之的英才式教育体制。

苏联数学与物理的勃兴有着经济与军事方面的原因。苏共一再借助于科技进步，以之作为社会主义的引擎，科学家与工程师是科技创新的必要条件。

---

[1]苏联于 1991 年底解体，原文如此。——编者注

在与美国的军备竞赛中，苏联试图在技术
上赶上美国，这在五六十年代还是取得了不错
的成就。导弹、原子弹的制造者，导弹防御系
统控制程序的开发者，都需要聪明的头脑。莫
斯科、列宁格勒和新西伯利亚的精英大学源源
不断地出产精英。

苏共发起各种运动吸引年轻人投身科学。
数学或物理教授的声望在这个国家达到了有史
以来的巅峰。"这些工作不仅备受尊崇，而且薪
水优渥。"出生在苏联的数学家叶菲姆·泽尔曼
诺夫（Efim Zelmanov, 1955 — ）如是说，"因
此最优秀最聪明的人想成为数学家或者物理学
家。"

1994年菲尔兹奖得主泽尔曼诺夫

另外，数学和物理不受意识形态的约束。莫斯科高等经济学院的弗拉德
列恩·季莫林（Vladen Timorin）说，那些原本会成为历史学家、哲学家、音
乐家或艺术家的人因此而进入了自然科学。

那时在莫斯科和列宁格勒，数学是最酷的。而当时的德国情形全然不同，
学生们都在谈论政治、核能与环境保护。

20 世纪 90 年代以来的移民大潮

数学也吸引了众多有犹太血统的苏联人，其中包括后来的菲尔兹奖得主
泽尔曼诺夫。起初几乎没有什么歧视，但到 70 年代事情就变了，犹太裔苏联
人被禁止进入某些大学。泽尔曼诺夫在 80 年代得到了新西伯利亚科学院数学
研究所的一个职位，但是不能当教授。

如今，苏联理论家的往日荣耀几乎没有一丁点留下来。在 1990 年铁幕崩
塌之后，移民大潮汹涌而至，这个国家至今未能从中恢复过来。仅仅美国一
个国家就有大约一千名俄罗斯数学家移居。许多人拿到了长期教职，例如泽
尔曼诺夫本人就在圣迭戈做研究。不少人接受了他们新家园的公民身份。

在国际数学家大会上，俄罗斯大学的代表们已失去了往日的风采。2014
年首尔大会总共只有 4 名在俄工作的研究者受到邀请。而 1986 年伯克利大会
上有 30 名受邀报告人来自当时的苏联。

更令人惊奇的是，这个一度十分成功的英才教育体制至今仍然存在，至
少部分保留了下来。莫斯科高等经济学院教授谢尔盖·朗道（Sergej Lando）
在一篇论述俄罗斯数学教育的文章中写道，绝大多数面向资优儿童的文理中

莫斯科大学附属物理数学寄宿学校（莫斯科第 18 中）的数学课

学熬过了从 1988 年到 2000 年这段最艰难的时光。但是，据他所说，水准"急剧下滑"。朗道声称，俄罗斯大学的几乎所有专家都一致同意如今数学系新生入学时的平均水平比 20 世纪 80 年代的前辈要低得多。

"他们这么聪明，未来都会成功"

显然，比起曾经激情燃烧的岁月，如今热爱数学的俄罗斯中小学生、大学生都要少得多。"现在的年轻人有多得多的选择。"泽尔曼诺夫解释道。现在的人们可以做经理，可以做律师，然后挣大钱。"在我年轻的时候，这些选项都不存在。那些想当生意人的最后都蹲了大牢。"

无论如何泽尔曼诺夫仍然认为新时代更好，哪怕数学再也不那么重要了。"在俄罗斯生活的人们也有着如同在美国生活的人们那样多的选择，这是件好事。"这就是为什么许多原本要成为数学家的俄罗斯学霸如今攻读经济或法律。"他们这么聪明，未来都会成功。"他咧嘴笑了。

但就算作为数学家，也可以在俄罗斯再度开展事业。阿卡迪·沃罗兹 20世纪 80 年代在莫斯科学习应用数学，1997 年他创立了俄语搜索引擎 Yandex，如今他是亿万富翁。

顺便提及，在美国的高科技巨头中也有俄罗斯血脉。历史从 1979 年开始。当时苏联数学家米哈伊尔·布林（Mikhail Brin）离开苏联来到美国，他由于自己的犹太背景而被禁止做研究工作。他带着当时 5 岁的儿子谢尔盖（Sergey Brin）。这个孩子后来攻读计算机科学，1998 年他在斯坦福大学与拉

沃罗兹：数学带来的事业

里·佩奇一起创立了搜索引擎谷歌。

谷歌创始人谢尔盖·布林及其家人（从左到右）：

Yevgenia，Mikhail Brin，Sergey Brin，Sam Brin

后记：德语原文 2017 年 11 月 21 日发表于《明镜周刊》。俄文版 2017 年 11 月 23 日发表在 inoSMI 上，这是俄罗斯新闻社下属的《参考消息》同类物，主要编译西方媒体关于俄罗斯的评论文章。俄语译文对德语原文做了几处微小改动，主要是将原文中所有的"莫斯科高等经济学院"字样替换成了"莫斯科独立大学"，这同样也是符合事实的。另外，俄语译文删除了德语原文中全部配图，而代之以 18 中数学课上热烈讨论的照片。俄文网页上有不少有意思的评论。

编者按：本文原载《数学文化》2019 年第 10 卷第 1 期，74–78 页。

融汇中西教育论坛

关于第一届融汇中西教育论坛

沈乾若

> 沈乾若，北京大学物理系毕业，北京航空航天大学工学硕士，加拿大西蒙菲沙大学数学博士。具有中国大陆和加拿大数十年大、中学教学及办学经验。加拿大博雅教育学会名誉会长，"融汇中西教育论坛"联络人。

"融汇中西教育论坛"由旅居北美多年、关注研究中国大陆教育改革的华裔教育人士和国内教育界志同道合的同仁策划筹办。

美国和加拿大的大陆学人，大多在国内接受教育，而后就职；于国外取得博士或硕士学位后，又长期从事教育、教育研究或科技工作。中国与西方两套不同教育体系的亲身经历，给了他们比较与鉴别的视角；使得他们得以观察思考不同体制、不同课程设置及考核，以及不同师资培养及学生管理办法等各方面的利弊得失，从而提出一些独到有益的见解和建议。

在北美的数十年，他们既领略了西方教育鼓励独立创新和批判精神、注重全面发展的优良传统，也目睹了其学业教育、尤其是理科教育超乎想象的薄弱，更见证了近年来中小学质量的急剧下滑与衰落。

与此同时，改革开放大潮中的中国不但积极学习西方先进的科学技术，也在基础教育领域引进了西方的诸多理念和做法，以期与国际接轨。尤其21世纪以来的第八次课程改革，带有明显的西方模式的印记。

由于担心国内误将国外教育的弊端当作经验来学习，担心中国基础教育的根基可能因此而削弱，共同的忧患意识使海内外一批教育界同仁走到了一起。他们互相沟通信息，交换看法和研究成果；也曾致信教育界高层领导，希望坚持自身优良传统，有分析地学习国外经验。

几年酝酿之后，"融汇中西教育论坛"问世。第一届论坛由北京师范大学数学科学学院主办，于2019年6月28日至30日在北师大校园举行。论坛主题为"学习借鉴：北美与中国的基础教育"。数位海外学人介绍北美基础教育、尤其是理工科教育的状况，分析其利弊得失；国内学者则针对学习西方教育中发生的问题，如课程与课堂教学改革等，阐述观点，提出意见。论坛受到与会者极大的欢迎与好评。全国数学教育研究会理事长曹一鸣、北师大数学科学学院院长王恺顺、国家教育咨询委员会委员王本中等人出席了论坛。

本书汇集论坛的部分发言文章，以飨读者；旨在促进中国对西方教育的深入了解，得以取其精华，弃其糟粕；从而维护中国基础教育的健康发展。

2019 年 11 月

第一届融汇中西教育论坛

曹一鸣

曹一鸣，北京师范大学数学科学学院教授。

改革开放四十年来，我国在基础教育领域取得了很大的成就。如何能在学习借鉴国外经验教训的同时，发扬中华优秀文化传统，切实解决中国教育改革中所面临的问题，越来越受到多方人士的关注。通过网络、微信平台，我们关注到了一批海外的华人学者，他们结合自己的工作、学习经历，通过不同的渠道分享交流、探讨争鸣，提出自己的看法。《全球教育展望》编辑转来了相关材料，约请我写一些针对性的回应与评论（由于种种原因，没有能够完成），数学教育界的同行也经常在一起进行交流与思考……

一天，一直对我非常关心、支持的张英伯教授给我打来电话，问我是不是了解有一批特别关注国内基础教育的北美华人学者。他们希望组织一个交流讨论"中西教育"的会议，北师大数学科学学院数学教育专业能不能出面组织一下？我觉得这是一个很有意义的活动，况且我也从不同的渠道收集了一些他们的文章和观点，很想有一个比较全面的了解。随即我向学院领导汇报，并得到了学院领导的大力支持。很快，经过张英伯教授的介绍，论坛的发起人、加拿大博雅教育学会名誉会长沈乾若和我取得了联系。经过多次交流、讨论、协商，我们确定了以"学习借鉴：北美与中国的基础教育"为主题，搭建中外基础教育交流的平台，为我国的基础教育出谋划策的宗旨。会议由曹一鸣教授、马立平博士两位共同担任主席。第一届融汇中西教育论坛于2019年6月28日至30日在北京师范大学如期成功举行。北京师范大学数学科学学院王恺顺院长、数学教育研究独立学者马立平博士致开幕词，江苏省特级教师邱学华也发来祝贺视频，近百名学者参加了会议。会议的规模和社会关注度远远超出了预期。教育部教材局的领导主动关注到这一论坛，李明处长出席了会议。

在本届论坛上，纽约市史岱文森高中前校长张洁、加拿大博雅教育学会名誉会长沈乾若、斯坦福大学及加州大学伯克利分校访问学者莲溪、首都师范大学教授邢红军、前纽约新道高中副校长潘力、北京大学教授刘云杉、数学教育研究独立学者马立平、北京大学附属中学特级教师王鹏远、教育部职业技术研究所高等职业教育研究中心主任姜大源、美国佛罗里达海湾海岸大学教授张京顺、国际奥数竞赛教练张海云等分别作了 45 分钟大会报告。报告内容涉及北美的基础教育改革、自由选课制的利弊得失、北美华人视角下的子女教育、对我国基础教育改革的理论建议、我国中等职业教育的现状与展望、对农村中小学健康发展的建议、智慧教育与教育智慧的关系等。整个论坛精彩不断、百花齐放,上至 70 多岁的退休教师,下至在校学生,都听得兴致盎然,意犹未尽。在现场提问和交流讨论环节,大家各抒己见,讨论热烈。与会代表一致反映,参加这次会议收获很大;很多没有机会到会的同行,迫切希望能够获得论坛的资料,希望论坛发起人以后多多举办类似的中西交流研讨活动,为更多关心祖国基础教育发展的赤子们搭建交流平台。

在此特别感谢各位与会代表给我创造了一次机会,特别感谢丘成桐先生主编的《数学与人文》编委会,将会议报告在高等教育出版社与波士顿国际出版社结集出版,让更多的读者受益。

谁的素质教育？
—— "二代们" 的教育选择及其困难

刘云杉

刘云杉，北京大学教育学院教授。

素质教育与应试教育：真假之争

素质教育是中国家庭和学校教育关注的核心问题。然而，素质教育是作为应试教育的 "批判武器" 而提出的，应试教育的严苛确立了素质教育的认同上的合理性。"不能让孩子输在起跑线上" "为竞争而学习" 成为中国家庭教育的主旨，我们不乏大量的 "虎妈" "狼爸"。

2009 年，上海南洋中学代表中国参加 PISA 测试（PISA 是 OECD 组织在 15 岁青少年当中进行的数学、科学和阅读这三项能力的测试，是评价世界各国教育质量的排名），测试结果显示，上海学生分数的标准差较低，这说明好学生和差学生的整体差距不大。然而，我们的学生在低级思维项目（理解、记忆等）分值高，可高级思维（评价、判断、创新）等分值却低于平均值，这反映了应试教育过于重视书本训练，排斥学生的其他能力和机会。

此时的中国教育是 "龟兔赛跑 1.0 版本" ——跑得快的兔子与跑得慢的乌龟差距很小。

在 "1.0 版本" 的故事背后，"给学生减负，让所有孩子享受快乐童年" 成了化解之策。然而，公立教育减负，私立教育却逐渐发展，培训机构兴起，校外教育市场愈发发达，家长们更加焦虑。王蓉教授在《教育的 "拉丁美洲化"》中指出，大量中高收入的家长可能逃离公共教育体系而在私立部门寻求更高水准的服务，公立学校成为低劣质量机构的 "代名词"。减负过程中，中国公立教育 "拉丁美洲化" 现象出现了。

减负的实质是素质教育与应试教育的对立。"素质教育" 的内涵是模糊的，更准确的定位是作为应试教育的 "批判武器"。我们可以不知道什么叫素质教育，但是只要对应试教育深感痛心，素质教育似乎就天然地获得了论证与认同的合法性。

可以用"博放教育"和"精约教育"这两个概念来描述第二季的"应试教育"和"素质教育"——它们走入学校之后的实践。

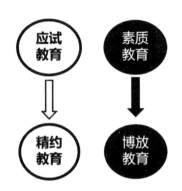

精约教育和博放教育是两类"理念型"教育模式，其概念来源于人文主义学者白璧德，他用博放时期（era of expansion）与精约时期（era of concentration）来描述教育史中的钟摆现象，一段精约时期之后是博放时期，博放是对精约的反拨，但也可能是用力过度的"拨乱反正"。

精约教育信奉"吃得苦中苦，方为人上人"的理念，实行严格的选拔和训练。博放教育的典型是一些教改名校，奉行同情宽容的个人主义、人本主义精神，强调解放。在现实中，两种理念常常互相嵌套在一起，呈现复杂的样态，博放中有精约，精约又遮蔽了博放。学校的博放恰好又高度依赖家庭与校外的精约训练，学生下午 3 点半放学后，可能直接去教育机构补习。学校减负了，核心的教学育人功能在哪里完成？这能够简单地外包出去吗？教学与育人的功能可以分离吗？

近 30 年来，应试和素质之争推动着中国教育的数次改革，在改革过程中蕴含着三种力量。

其一，中国社会独生子女的家庭结构为人本主义者提供了坚实的情感基础，因其广泛的动员力，他们充当了围剿的"马前卒"。对应试教育最直接且切肤的批评来自温情的独生子女家长，他们多为朴素的人本主义者，希望孩子们能有更为轻松、自然且自由的童年。他们尖锐地批评应试教育是"精致的暴政"。人本主义教育者坚信：想象力是第一生产力，儿童的好奇心和想象力是民族的未来，要坚持"儿童优先"的原则，保障儿童的教育权利，向儿童提供免于恐惧的教育。

其二，自由主义的思想传统。在中国现代思潮发展的历程中，反专制主义、反权威主义，追求思想与个性的解放一直具有深刻的影响力，此为人本主义者的思想资源与精神灵魂。中国新文化奠基者——五四一代即提倡儿童的"蛮性"，提倡"童话精神"，创造"新青年"，把对老大帝国的反抗，不假思索地转换为对新的少年中国的热情讴歌。自由主义的论述建立起儿童与知识、童年与学校的对立，集中体现在鲁迅所描述的"百草园"与"三味书屋"的意象中，这对隐喻直指教育世界对儿童自然世界的剥夺：他们所受教育的全部目的就是把他们天生的好奇心、探索热情全部抹杀掉，这些从睁开眼睛就要忙着背书、做习题的孩子，已经没有时间欣赏自然的"黎明"之美，又从何去体验精神上的"黎明感觉"？因此，需要保证孩子在自由的时间、空间里的成长的权利和欢乐的权利。

其三，新世纪初，教育部推行的第八次课程改革，将"素质教育"从批判的武器转变为建设的纲领。它宣称要消灭应试教育，要另起炉灶，进行概念重建，建立起"学科、教师、讲授"与"经验、学生、探究"三者之间的对立。首先，以经验对抗学科，主张在基础教育阶段淡化对学生的学科专业训练，强调学生整体素质或综合素养的形成，关注学生在学习中的心理感受；其次，以学生主体替代教师主导，在师生平等中彰显教育民主的价值；再次，以探究替代讲授，"自主、合作、探究"推动学习方式的变革。

据此，人本主义的前锋，自由主义的灵魂，两者合力于"破"——对"应试教育"具有摧枯拉朽之势；阵地战由新课程改革来完成，它致力于"立"——人云亦云的"素质教育"落地生根时究竟是什么形态？

这就有了博放教育的关键词：学生兴趣、选课、个性化的课表、走班、取消行政班与班主任，社团、俱乐部，创造与提供机会，让学生为自己的成长负责……内涵模糊的"素质教育"呈现出来的现实形态既熟悉又陌生。说其熟悉，它几乎是20世纪早期活跃于美国的进步主义教育思想的简单移植；说其陌生，中国版的进步主义教育又增加了若干本土经验：帮助学生在集体之外成长，集体主义教育成为负资产；教师权威被扭曲为"警察"的权力与"保姆"的琐碎后，作为服务业的教育有了新的身份认同，学校成为货源充足的课程超市。在我们时代的"博放学校"的校门，无字的箴言清晰地镌刻着：这里提供你感兴趣的一切，这里成就你想拥有的一切。

然而，故事一定还有更纵深的层面。美国的进步主义教育活跃在1910年至1950年之间，反映着其时放荡不羁的个人主义倾向。进步主义一直受到连续不断的质疑与批判，尤其是苏联的人造卫星上天之后，进步主义所主张的"儿童中心"更饱受非议，认为美国姑息儿童的日子太久，国家变得懦弱了。在美国的教育思想史上，既有儿童中心的人本主义、民主主义教育思想，同时还有人文主义、永恒主义的教育理念与实践作为制衡。在欧洲的教育思想史上，不仅有启蒙以后的浪漫主义与自然主义，更有始于古希腊且至今仍有深刻影响的人文主义的传统。两派之间既相互对峙，又相互制衡。我们在宣称与世界接轨时，怎么能只取其一脉、无视另一传统与实践呢？

素质教育化解我们自身的困境了吗？学生学业负担减轻了吗？学校的确

在减负，而家长们却更加忧虑。减负将学校的主阵地让渡，将教育的关键责任外包。在自主且愉快的校园的多元评价中，学生们是没有区分度地普遍地好；然而，核心竞争已经移步于校园之外，在课余、在假期，在各种收费贵贱不等的培训班、补习班中，在奥数、英语、书法、钢琴，各种考或不考的技艺与特长的培训中。此"减"彼"增"意味着教育的育人与择人的两大功能有了离奇的分离：在应试教育中，学校既培育亦筛选，学得好就能考得好；如今，在校园的愉快背后，有多少身心疲惫的孩子与负担沉重的家庭？温情的人本主义者此刻已成为急躁的功利主义者，纸上谈兵的"虫爹"完全败给精明强干的"虎妈""狼爸"。家长们不心疼孩子吗？不懂拔苗助长的道理吗？"不能输在起跑线上"，既是培训机构蛊惑人心的广告词，也是家长们彼此绑架、推高投入的心魔。

在应试教育与素质教育的对峙中，出现了教育的培育功能与筛选功能的离奇分裂，这还只是教育变革大戏的第一季。如今，剧情的第二季已深入到学校的内部，博放教育的出现，意味着在教育最核心的部分发生了断裂：教书与育人的断裂，既有无教育价值的学习，也有无教学根基的育人。摇摆于精约的严苛与博放的虚妄之间，教育内在的严肃性究竟在何处安放？其后究竟是什么样的制度逻辑，以及何种民情风尚呢？

博放教育实验更像"教育乌托邦"，它以勃勃的生气打破传统的镣铐和束缚，但它的教育理念需要严格限定的社会条件支持，如果丢掉了现实感，那么它很容易滑入无纪律的状态以及青春期的自我张扬。

精约教育把向上的动力如同一部发动机一样安置在学生的心中，学校用一套细致且严密的制度，确保学生得到身心的蜕变，养成终身受用的习惯和品格。在苦中苦之后，是习惯的养成、意志的磨砺，以及高卓的快乐，这是一切精英尤其是平民精英的自我塑造的艰苦历程。

从这两个理念型可以看出来，中国社会发生了断裂：大城市的社会中上阶层开始享受素质教育的成果，而中小城市与乡村的社会中下阶层信任和选择的仍然是应试教育。也就是说，中国社会的中上阶层和中下阶层在对继承人的培养途径上、对精英的塑造方式上，发生了明显的分歧。在素质教育与应试教育的真假之争背后，是什么样的社会逻辑呢？

"二代"崛起：全球故事

在龟兔赛跑中，如果乌龟开着宝马车来参赛，这场比赛将如何进行？"二代"崛起，这不仅是一个中国故事，更是全球故事。

首先，"二代"是一种经济事实。在"占领华尔街运动"中，每个参与游行的人手持一本《21世纪资本论》，他们抗议口号是"我们是99%"。其内涵是一种经济学事实——承袭制资本主义。什么是承袭制资本主义？巴尔扎克在《高老头》中借伏脱冷之口既写实又辛辣地算了一笔账：一个聪明、上进的青年娶一个富人家不那么漂亮的女儿比辛勤工作更能维持体面的生活，"靠工作还是靠遗产？"，在社会进步一百年之后，这样的故事却离奇地重新上演。

经济学中有一个"库兹涅茨曲线"，它揭示增长、竞争和技术进步之间不断的博弈将会降低社会不同阶层之间的不平等程度，收入的不平等将在资本主义发展的高级阶段自动降低，并最终稳定在一个可以接受的水平上，每个社会阶层可以共享经济增长的红利。二战后到 1970 年代，西方大致是这样的发展模式，人们相信，在经济飞速发展的大潮中，所有的船只都会扬帆远航。

但托马斯·皮凯蒂通过比较研究各个国家的历史，指出"库兹涅茨曲线"是有局限的，只能解释特定时期的特定现象。他进一步揭示财富的不平等，指出资本导致的不平等比劳动导致的不平等更严重，资本所有权（及资本收入）的分配比劳动收入的分配更为集中。劳动收入的不平等是温和的不平等，而财富收入（如房地产和金融资产）的不平等是极端的不平等。

皮凯蒂把下层阶层定义为收入最底层的 50%，中产阶级是中间的 40%，上层阶级是前 10%，前 10% 又是由 1% 和 9% 构成。占领华尔街运动的口号"我们是 99"就是后面 99 的人与前 1% 的人在做某种斗争。

在他的数据里面，下层 50% 的人的劳动收入占所有的 25%~33%，中间40% 占 37%~50%，最上层 10% 的人占到 25%~30%，这只是温和不平等。而资本收入是极端不平等，下面 50% 只占 5%~10%，中间占 25%~40%，前面这 10% 的人占的比例是大于 50% 的。

他又将阶层收入与基尼系数进行比较，分析结果显示，最富裕的 10% 人群占有社会总财富的 60%，而仅最上层的 1% 人群就占有社会总财富的 25%，这 1% 的群体足以对整个社会面貌和政治经济秩序产生重大影响。

不同收入群体收入占比	低度不平等 （1980 年代北欧）	中度不平等 （2010 年欧洲）	高度不平等 （2010 年美国）	极度不平等 （约 2030 年美国）
统治阶层（前 1%）	7%	10%	20%	25%
富裕阶层（其后 9%）	18%	25%	30%	35%
中产阶级（40%）	45%	40%	30%	25%
下层阶层（50%）	30%	25%	20%	15%
基尼系数	0.26	0.36	0.49	0.58

图表来源：《21 世纪资本论》

重要问题不是不平等的程度，而是其合理性。富豪们如何解释其财富的来源？如何将其财富体面地传递给下一代？一个社会的总收入达到非常不平等（最上层 10% 占有全部财富的约 50%，最上层的 1% 占有约 20%）有两种不同的方式：其一，在超级世袭社会（食利者社会），财富集中达到了极端水平，最上层 10% 人群占有全部财富的 90%，仅最上层 1% 就占有 50%，总收入层级由非常高的资本收入主导，尤其是继承资本。其二，在超级精英社会（社会上层人士喜欢被称为超级精英），收入层级顶端是非常高的劳动收入而非继承财富收入。

前 1%——这些隐秘的富翁是谁？这其后已经从社会阶层的斗争变为最富 1% 群体的斗争。我们可以看到，一个超高薪水阶层的出现，他们与教育有什么关系？他们如何获得给自己工作定价的权力？我们还可以看到，世袭的财富阶层同样需要通过教育将其财富体面地传递到下一代。

超高薪水群体开始崛起，发达国家经历从食利者社会到经理人社会的转变，教育体系的民主化并未消除教育的不平等。能给自己定价的超高薪水群体多来自顶级专业（elite professional service, EPS），在常春藤学校的顶级专业，刚毕业的学生会直接进入全美家庭收入的前 10%，他们的薪水是同校从事其他工作毕业生的 2~4 倍，这是一张通往上层社会的单程票。

"二代"作为一种社会事实开始出现。广西师范大学出版社即将出版《出身：不平等的选拔与精英的自我复制》一书，专门研究美国收入最高的初级岗位如何招聘人才，EPS 们究竟需要具备什么样的素质。

其后是英才主义（Meritocracy），或称为绩能主义，这是一个被高度社会建构的概念。精英机构首先看重出身于顶级名校的学生，他们认为名校学生更加聪明、上进、有趣。顶尖学生会给顶级公司带来正向的符号效应，以维持或提升公司的市场竞争力，这就建立了高出身—高素质—高薪酬—高投入—高付费的市场链条。

招聘官在顶尖学校的毕业生中寻找的伙伴，往往与自己较为相似，与公司内部更为契合，利于团队工作，共同提高。顶尖公司对人才的招聘已由人力资本转向人格资本，人格资本的内涵就是综合素质。从事高挑战、高任务、高薪酬的工作需要极强的驱动力和进取心，也需要能与工作共融的个人兴趣以及出色的时间管理技能。这样的人可以在严苛的工作环境中生存下来，而且还能够生气勃勃、鼓舞别人的斗志。当然，精英群体在挑选继承人时也自然那会庇护自己的"二代"，课外兴趣最好是那些高端的休闲活动，比如马术、马球，因为这是其所属社会阶层所钟爱的项目。"二代"们就是靠这样一套东西被筛选出来的。

我们前面说的"开宝马车的乌龟"走入现实中，是按照一套合理的、正当的、有时隐形有时又张扬的逻辑运作的。美国中小学教育是免费的，而高等教育却是全世界最昂贵的。高等教育才是奠定一个人社会地位最重要的一环。

在这一教育系统中，有能力向上流动的人，需要在这样一个既隐形又等级森严的秩序中上下移动，让自己适应它的规定和程序；学会在密集而隐匿的等级关系中自如周旋，既能和他的上级权威套近乎，坐在导师的沙发上，又能与普通人打成一片，开放亲切，这是民主社会的新精英。新精英背后特别讲究一种面对权威或者说在特权生活中的自如、淡定、如鱼得水、不卑不亢的气质，教育中极为重要的是"惯习"，简单但反复练习，镌刻在你身体符号、言谈举止之中，体现在精妙的细节中，看似简单，但必须从小在各种仪式场合中反复练习才可能获得。

在信息时代，有形的知识已经贬值，非常易得，只有这些无形的惯习才决定"你是谁"，而后者在家庭与学校昂贵的投资后才能够镌刻在一个人的身体当中。"二代"新精英们就是这样不断被再生产出来的。

罗斯·格雷戈里·多塞特在《特权：哈佛与统治阶层的教育》中这样写道：哈佛是难——但并不是大多数人所说的那个意义上的难。被哈佛录取是艰难的；跟数千个才华横溢、充满动力的年轻人竞争荣誉和职位是艰难的；在课外活动的竞技中保持冷静是艰难的；在社交漩涡里保持心灵的完整是艰难的；当大学即将结束时，竞争法学院的名额和投资银行的职位是艰难的……是的，所有这一切都很艰难。但是，学业上并不难，学业是容易的。

"二代"背后是一个"开放"与"封闭"的博弈逻辑，它的核心机制是什么？

多元选择与严苛选拔：制度的隐秘

"二代"崛起的表现为教育的多元选择与多元的需求，然后，每一级的筛选仍然严酷。

Ralph Turner 将教育选拔分为两种：一是竞争制，指向所有人开放，成功与否表现为个人能力。二是举荐制，指占据重要地位的精英直接选定获胜者，用于最顶尖的工作领域，表面上人人都可以申请，但实际招聘者只考虑当前精英举荐的人选。美国有托福和 SAT 的考试，但这些只是前面的竞争制，考过了只是过关，而最后录取你的人看重的不只是分数。

这是考试选拔中的客观性与主观性之间的博弈，客观性的标准考试能筛选出那些名列前茅的人，但是有可能遗漏许多未来的国家杰出领袖和优秀人才。客观公正、形式开放的考试所录取的人与统治精英所庇护的人之间的差异，是哈耶鲁录取中微妙的政治，有时强调智力，有时又强调品性。

哈佛大学校长科南特坚持开放，他认为教育最重要的是从各个阶层中精选出那些拥有才华和德行的"自然贵族"，并利用公共支出、为了公共利益而通过教育来造就他们。要让那些有杰出能力但也许囊中羞涩的年轻人能够就读，只有这样，通向顶层的通道才能敞开，让民主的精神充盈于我们的学习殿堂。

耶鲁大学发现，一旦新的录取政策完全是依据学术水平来录取新生，学校便再无多少立锥之地留给他们自己的孩子。因此耶鲁校方领导对学术上的选贤举能（也就是美国版的应试教育）表示明确的反对，认为要代之以上层社会传统的理念——录取时看重学生是否有服务国家的品性和领导力等上层所喜欢的素质。

在对"二代"的筛选当中，品行又靠什么来判断呢？主观判断又表现为统治精英所偏好的价值与行为，比如罗德奖学金需要具有阳刚气质的基督徒品格、公共服务精神的人，并不喜欢书虫。它要有能力的人，要有男人味的人，要在擅长户外运动同时还有点"残暴的学者"气质，这样的人才具有人格的力量，才具有"敢于完成使命的勇气"。

高度主观的品质、品性与个性，这是美国的素质教育，为美国的素质教育打开大门，杰罗姆·卡拉贝尔在《被选中的——哈佛、耶鲁和普林斯顿的入学标准秘史》中指出，往好处说是，打破了唯分数论——美国版的应试教育，但是坏处就是为腐败、偏见和歧视打开了后门。

自美国建国，平等原则就是共和主义的生命与灵魂，但背后存在"机会平等"与"结果平等"的矛盾。机会平等承认、尊重结果上的差异，而结果平等则是要通过补偿达到一样的境况。人们普遍相信，机会平等必然导致地位的大致平等，只要社会的上下流动完全基于业绩和才能，上下升迁的渠道保持开放，那么任何非自然的贵族或短时间膨胀起来的巨富都不可能维持太久。因此美国需要公共教育体制向所有人开放学习的权利。

平等主义更多作为一个建设社会的信仰，一个美丽而模糊的理想。那时的美国是一个没有巨富也没有赤贫的社会，人们会欣然接受来自正当努力的贫富差别。但到了后面发现不是那么一回事，财富不平等越来越成为一个大问题。

哈佛校长科南特主张一种通过教育的"选贤举能"所达到的"无阶级的社会"，它是一个高度分层和竞争激烈的社会，但由于它具有高度流动性和复杂性，社会分层不固化，因此又是一个"无阶级"的社会。他所坚持的仍然是机会平等而不是结果平等。他对"每个孩子都能够通过适当的教育，成为他所期待的人"这样典型的"美国梦"做了尖锐的批评，认为这就如同希望学校把瘸子培养成足球运动员一样不切实际。

中国"二代"及其教育期待

改革开放 40 年以来，我们取得了经济的快速增长。普通中国人已经习惯了像搭上自动上行扶梯一样的发展，随着经济的大潮，每个人、每个家庭都在不断改善自己的生活处境。在代际传递中，教育不仅充当提升与保障家庭财产与地位的机制，教育还被期待充当防御家庭地位下降的防御性机制。社会高速发展 40 年以后，结构逐渐稳定，财富阶层出现，"二代"崛起，这是教育所面临的复杂的社会情境。

另外在中国特有的独生子女政策下，80 后作为第一代独生子女，如今他们的孩子 —— 第二代独生子女也已经进入学校，独生子女家庭父母充满焦虑，不允许子女失败，甚至不能接受孩子平庸。这样的教育已经不再是教育了，教育已变为现代社会核心利益分配的权威代理，以及社会地位的代际传递的主要渠道。教育，好像看起来是个人分数、个人成就，但它实际上依赖以家族为单位的积累与投入。这就是布迪厄所说的"社会炼金术"的要害，它成功地将先赋的特权地位与后天获致的成就性因素结合在一起，用后者掩饰前者，从而为先赋的地位特权留下了既隐秘又多元的博弈空间。

教育所奠定的既是家庭的基本秩序，也是社会的基本秩序，还是个人的基本生活秩序。中国社会在教育、平等方面有深厚的历史传统。钱穆在《中国历代政治得失》中讲到，中国的传统政治，已造成社会各阶层一天天地趋于平等。中国社会自宋以下，就成了一个平铺的社会。封建贵族公爵伯爵之类早就废去，官吏不能世袭，政权普遍公开，考试合条件者可以入仕途。梁漱溟在《中国文化要义》里指出，在此社会中，非无贫富、贵贱之差，但升沉不定，流转相通，对立之势不成，斯不谓之阶级社会耳。在中国社会里，一个人生下来其命运并无一定，为士、为农、为工、为商，尽可自择，初无限制。而"行行出状元"，读书人固可以致身通显；农、工、商业也都可以白手起家；富贵、贫贱、升沉不定，流转相通。既鲜特权，又无专利，遗产平分，土地、资财转瞬由聚而散。大家彼此都无可凭恃，而赌命运于身手。得失、成败皆有平坦大道，人人所共见，人人所共信，简直是天才的试验场、品性的甄别地。

进入现代社会，这"天才的试验场、品性的甄别地"自然由学校教育以及各类考试、考试所获得的资格、教育所获得的文凭以及文凭所敲开的大门所接替。然而，"赌命运于身手"，此命运亦非个体的命运，而是家族的运势；这"身手"也不再仅是读书人的勤耕苦读，而是一个家族持续的投入。走入大学不仅是学生个人的成就，更是家庭长年持久的努力。在这素有平等基因的社会，高等教育被期许为维持社会公平的安全阀，教育与考试既对一切人、一切家庭开放，就意味着一切人、一切家庭卷入其中。怀抱改变命运的寒门子弟，在高等教育大众化下面临更大的困难，因为防止"下滑"与力争"向上"

已经成为所有阶层（包括中间、中上阶层）代际传递中的深刻紧张乃至日常的焦虑。

办人民满意的教育，人民并不是一个抽象的整体，而是冲突的群体，甚至是分裂的个体。激烈的竞争逻辑将教育公平的政治理想主义逆转为一个既精明又计较、虽务实却不无猥琐的教育功利主义。

在当下的教育与社会结构之间，两股合力推动"权利说"的高涨，其一是政府承诺"办人民满意的教育"——享受优质教育是每一个人的权利，其二是在大众高等教育下，入学规模的不断扩大。因此，基础教育减负，高考降低难度。可是降低难度的高考，不断变化的考试招生改革，极大地损坏了考试的权威性和严肃性。另一方面，高考难度降低，高校识别学术精英就困难了，于是出现了自主招生，企图建立新的门槛。高校的初衷是单纯的，"千里马常有，而伯乐不常有"，既然高考选不出千里马，那么伯乐只能被逼出山，自己来挑马。

竞争的成本越来越高，不仅需要持久地专注、坚定的意志，也需要对智力、天赋超常的迷信，以及精明的眼光、昂贵的投资——这已经变成理性的经营，家庭、学校与培训机构在教育消费逻辑下日渐趋同，共享一套相似的经营原则。围绕录取学校排名、选择专业的冷热、考生的名次、竞赛的奖项、自主招生的成绩，每一项指标都是一笔生意，甚至是一条产业链。

杨可还曾在《母职的"经纪人化"》中提出，现在的母亲对孩子不仅需要养育，还要在教育市场化下担任孩子的教育经纪人。

"1.0 版本"的龟兔赛跑注重知识教育，故事的"2.0 版本"主题为淡化考试的选拔功能，让每个学生体验成功，主张多元选择。因此，学科竞赛、先修课程、大学自主招生风行。自主招生的原意是伯乐相马，不拘一格，不料，马市突然热闹了，既出现了马贩子，也出现了驯兽师，良莠不齐、真假混杂的"千里马"突然大批冒出来了。告别了应试教育下的小白鼠，家长又巨资请来了驯兽师。高考也罢，竞赛也罢，自招也罢，都迅速地被功利主义逻辑所侵占。素质教育与应试教育之争是一个虚假问题，它们所置身的是一个功利主义的情境。在功利主义侵袭下，应试有套路，竞赛同样难逃"套路"。新的选拔方式在功利主义面前不过是一场难度更高的智力体操，并没有发生质变。

我们可以追问的是：教育何以功利主义？这需要从教育与社会的功能处寻找答案。

教育改革：症结与限度

我们的教育改革，常常改的是病名，而不是病症。教育改革直面的是结构问题。

回溯美国教育进步时期，康茨发问：学校能成为社会改造的杠杆吗？

赫钦斯指出，把教育看作社会改造的工具，既不明智，也是危险的。赫钦斯批判现代社会迷思：所有的问题都能够通过生产来解决，通过教育来解决。遗憾的是，这两个伟大的信条再一次被显示出是错误的观念，我们同样看到，生产能加剧贫困，教育能够助长愚昧。

杜威在其教育信条中，确信教育是社会改革的基本方法。学校自成一个雏形社会，以此为中心，改善社会，使它更有价值、更可爱、更和谐。然而进步教育把教育看作政治的附属物。社会存在许许多多转瞬即逝的需要，但教育制度无法妥善处理这些需要，如果让学校直接处理社会问题，学校会成为社会问题的垃圾场。

帕特南在《我们的孩子》起笔写道，20 世纪 50 年代，他的故乡克林顿港正是一处美国梦的"甜梦的梦乡"，所有的孩子无论出身，都能获得体面的人生机遇。1959 届年毕业时，无论是否血脉相连，镇民们都把这群毕业生视为"我们的孩子"。然而半个世纪过去，克林顿港的生活已经成为一场美国噩梦，整个社区被划分为泾渭分明的两部分，两边的孩子各自驶向彼此不可想象的人生，好像有一道自动扶梯带着 1959 届的大多数学生向高处走，那个时候他们拥有一个共同的美国梦，但是到了 1959 年这届学生的孩子行将踏上征程之际，这自动上行的扶梯却戛然而止。

美国梦已经渐行渐远，那中国梦呢？

中国教育已经嵌套进全球化之中，在人民对教育的多重期待中，既有平等主义的诉求，也有经营、投资乃至洗牌的中产阶级策略，还有精英阶层对其继承人严格的传承与庇护。在"二代们"多元的教育期待、教育选择后，是各种社会力量对"素质教育"的定义与博弈。

教育公平不仅是社会公平的基础，更是社会公平的结果。教育权利只有在政治权利、经济权利和社会权利比较均衡的前提下才能有效运行。如果企图希望以教育公平的薄弱之力来推动社会诸多层面的公平，实现所谓的底线平等，无异于螳臂当车，只能导致教育内部秩序混乱。认识到教育的限度，教育才能尊重内在的育人规律。

在应试/素质的学校实践版本——精约教育与博放教育的对决中，精约教育嵌入中国当下的政治经济结构之中，是"一个人对一切人的战争"；而博放教育则嵌入中国当下的观念与民情结构之中，"是一个人向一切人的封闭"。前者有多严苛，后者就有多虚妄。教育改革不是简单的制度移植，也不是抽象的理念实践。教育要从自己的制度、文化、民情当中生长，它是政治的技艺，需要谨慎的平衡。

沙龙现场互动交流

观众提问：如何看待办"让人人都满意的教育"？

刘云杉：人人都满意的教育是不一样的（多元的）教育，而非一样的；如果是一样的，"一样的好"常是理念的乌托邦，现实常是一样的"低"，那很可能是人人都不满意的教育。

观众提问：最近看到一些文章，在谈中国公立学校一些不太好的现象，比如说老师不能管孩子、老师待遇较低、校长不关心教育、家长以分数压迫老师等。请老师分享一下，国外老师的现状跟中国一样吗？

刘云杉：国外情况内部差异也比较大。老师不敢管理学生，背后是教育外部的消费主义逻辑与学校内部的管理主义逻辑，在双重逻辑下，老师是一个教辅人员，教师的育人的权威感削弱，校长变成教育工厂、学校商品超市的资本家，用一套指标来考核老师，老师变成流水线上的工人，这是坏的教育。好的教育一定不是办连锁店，不是用管理主义逻辑（开分校、收购教育资源）办学。好的学校是一个师生生命共同体，教师有师道、有尊严；学生有情感、有信任。

观众提问：很多中国大学里提倡的学习成功的观点将会成为教育改革的趋势吗？

刘云杉：不是教育改革的趋势。这是教育现象当中必须要正视的问题。要看到学生背后的成功文化，甚至成功文化给年轻一代带来的成功之伤，这是教育所需要认识与直面的问题，而不是迎合它。

观众提问：如何看待钱理群教授提出的"大学培养了很多精致的利己主义者"？

刘云杉：首先要讨论"精致的利己主义"是一个真问题还是一个假问题。它如果存在的话，那么症结在哪？是在自身上，还是有怎样的制度文化和社会结构？怎样让教学文化和教育文化少一些干扰，让学生更多沉浸在他和知识之间的内在联系上，这是非常重要的。

美国的基础教育改革

潘　力

潘力，曾任纽约市新道高中副校长。

摘要

　　教育体系的建立是一个过程，教育制度的改革也是教育体系里的重要部分。本文主要通过回顾美国的教育历史和不同历史时期对教育进行的重大改革来探讨美国教育改革留下的经验和教训。他山之石可以攻玉，这些为今天中国教育改革提供了可以借鉴的经验。

　　美国教育改革的历史教训包括：不切中要害和形式主义的教育改革不能解决根本问题。在教育改革之前，应对教育现状、社会需求、经济科技的发展趋势、可行方案、人力财力资源等做好调查研究以配合改革。如果希望教改产生深远的影响，那么应该让教师积极参与，而不是让他们被动地接受。另外，社会、学校管理者、教师、家长和学生应知道并理解教育改革的目的和必要性。学校管理者应积极参与教学活动的设计，在教学过程中给予教师准确的反馈和有效的建议。地方政府和管理部门应支持并扶植地方和学校的教育改革。

引言

　　教育改革是为了改进教育以满足个人的需要（比如，个人的修养素质、为社会服务的精神、职业生涯、身心健康、富裕生活等）和社会进步的需要，进而推动人类文明，使经济快速而持续地发展。美国的发展史与教育的发展和改革密切相关，回顾美国的教育发展能使我们了解教育改革给社会带来的影响。

美国 1600 年至 1979 年的教育改革

1600—1899

17 世纪，教育是为宗教信仰服务的。儿童在家接受教育，家庭成员教他们认字、读圣经、做简单的算术题。极少数孩子能去私塾（dame school）或拉丁文法学校（latin grammar school）接受基础教育和宗教教育。

1700 年至 1775 年，美国的教育家和政客开始投身于建立美洲殖民地的教育体系，创办了各式各样的学校。富兰克林（Benjamin Franklin）深受英国经验主义和自由主义哲学家洛克（John Locke）的影响，用他个人的影响力积极推广以英语教育来取代拉丁语教育，理由是当时美洲社会的通用语言是英语。历史学家贝斯特在《富兰克林论教育》（Best，1962）中写道：

> [富兰克林] 以一贯辛辣的评论风格指出，希腊语和拉丁语是"文学的怪癖"。他进一步写道，它们是学习的"绅士帽子"，就像优雅的欧洲绅士携带的帽子，这顶帽子却从来没有戴在头上过，因为绅士害怕帽子弄乱假发，但总是被当作无用之物夹在手臂之下。

富兰克林强调学生应该先掌握英语，然后再去学习拉丁语和希腊语等第二语言（Best，1962）。他建议学校开设诸如会计、航海、农业之类的实用课程。他相信人人均有受教育的权力。学校应接受黑人和妇女（Blinderman，1976)。由于富兰克林的教育改革，教育的普及率提高了，经济总量增长了 12 倍。英语成为当今国际的通用语言也归功于富兰克林当时所推广的英语教育运动。

> 美国于 1776 年建国后国父之一的杰斐逊（Thomas Jefferson）立即开始推动公立教育。学区（school district）的概念就是他提出的。他在起草的法案中建议把各个县划分成学区，每个学区的面积约为五或六平方英里。在每个学区里建一所学校，教孩子阅读、写作和算术（Smith，2012）。

19 世纪著名的政治家曼恩（Horace Mann）继续推广公立学校（common school）。他提倡的教育是免费的、普及到全民的、不带任何宗教色彩的教育。他坚信教育应该以培养对个人和社会有益的人为目的。直到今天，美国的公立学校继续沿用着曼恩的办学模式。历史学家艾尔伍德·库伯利在《美国公立教育》一书中写道（Cubberley，1919）：

> 没有人比他（曼恩）更能在美国人民的心目中确立这样的观念：教育应该是普及的、非教派的、免费的。教育的目标应该是

　　提升社会效率、公民美德和性格, 而不仅仅是学习或以高等教育为
终结。

　　在 1600 年至 1899 年期间，美国教育从无到有，从拉丁语教育发展到英
语教育，从私立教育为主发展到以公立教育为主的体系。经过不断的教育改
革，教育的普及率和教育质量不断提高，为美国成为经济强国奠定了基础。到
1890 年，美国已经成为仅次于英国的世界第二大经济体（Wikipedia，2017）。

1900—1979

　　20 世纪初的美国和今天的中国非常相似，它即将成为世界第一强国，却
面临着许多挑战，各行各业需要大量技术人才。19 世纪末 20 世纪初，著名
的哲学家、心理学家和教育家约翰·杜威（John Dewey）教授指出美国的教
育已经不能满足美国经济的持续发展。他提倡学校应该以学生为中心，应该
注重学生的学习经历，让他们积极参与到教育本身；学校应该倡导学以致用，
帮助学生成功，为他们将来的职业和生活打下基础。杜威倡导的学校除了培
养学生的智力外，还注重培养他们的生活能力、社交能力、工作技能，从而
使他们将来成为对社会有贡献的公民。

　　为什么那时的教育改革是必要的呢？举一个例子，当时哈佛大学理工科
学生到大三时才开始学微积分，他们毕业后不能立即投入具有挑战性的工作。
杜威的进步主义（progressivism）教育论解决了当时教育与社会脱钩的问题。
他认为"教育即生活"和"学校即社会"，学生能通过探索体验来学习，来
建立知识体系。杜威的进步主义教育理念影响了几代人。他的思想对中国新
文化运动的影响也特别大。中国新文化运动和五四运动的领袖之一胡适在哥
伦比亚大学求学时，杜威是他的导师。1919 年正值新文化运动和五四运动最
热烈之际，胡适邀请杜威来中国各地讲学，传播杜威的进步主义哲学和教育
理论。

　　1957 年苏联发射了世界上第一颗人造卫星。美国担心在科技上落后苏联。
1958 年 9 月美国国会通过、艾森豪威尔总统签署了《国防教育法》。政府出
巨资改进教育质量，加强数理课程的难度，推广高中教育，鼓励高中毕业生
上大学深造。通过这次教育改革，美国加快了科技和经济发展的步伐。如果
以 2012 年链式美元计算，美国的 GDP 总量从 1960 年的 3.26 万亿美元增加
到 1970 的 4.95 万亿美元，这十年的平均增长率高达 52%，是自 1950 年来最
高的（FRED Economic Data）。

美国 1980 年至 2018 年的教育改革

20 世纪 70 年代，美国的科技和经济面临着来自日本和欧洲的巨大挑战。80 年代初美国教育部邀请了大学校长和企业界领袖组成了国家优质教育调查委员会，经过 18 个月的调查，在 1983 年 4 月发表了报告《处于危机中的国家》(*A Nation At Risk*, 1983)。它告诉美国人民，在商业、工业、科学和技术创新等领域已被其他国家挑战，因为美国的教育标准逐年下降；三分之二的高中生每天只花不到 1 小时的时间做家庭作业；35 个州的高中生只需要学一年数学就满足了高中毕业要求；许多学校用烹饪课和汽车驾驶课来代替数理化和文史哲的课程。SAT 分数在 1963 年至 1980 年期间持续下降，英文分数下降了 50 分，数学分数下降了 40 分。此外，教科书的水准也十分低下。报告在学科内容、教学标准、师资水平、课时以及领导和财政支持等方面提出了教育改革建议。报告写道：

> 我们的目标必须是最充分地开发所有人的才智。要实现这一目标，我们期望并帮助所有学生在其能力的极限下工作。我们应该期望学校采用真正的高标准，而不是最低标准，期望父母支持和鼓励他们的孩子充分利用他们的才智和能力 (*A Nation At Risk*, 1983)。

1994 年，即报告《处于危机中的国家》公布 11 年后，国会又公布了《2000 目标法案》，要求美国的数学和科学教育到 2000 年时排名世界第一，高中生毕业率达 90%，文盲率为零。

虽然联邦政府增加了巨额的教育经费，但是美国学生 1994 至 2000 年间的学习成绩并没有出现显著的提高，全美中学生的 SAT 数学成绩提高了 2.0%，从 504 分提高到 514 分；而阅读成绩仅提高了 1.2%，从 499 分提高到 505 分。

为了进一步改善教育质量，2002 年 1 月 8 日美国总统布什签署了《不让任何小孩落后法案》(*No Child Left Behind Act*, 简称 NCLB 法案)。国会和布什总统把教育的失败责任推到州政府和学校身上。NCLB 法案大幅增加了联邦政府对各个州教育的控制和干预，它要求各州每年对 2 年级以上各族裔和各种家庭收入的学生进行英文和数学的水平测试，每年上报测试的结果。此外各个学校和学区必须达到或超过政府规定的 AYP 指标 (Adequate Yearly Progress, 简称 AYP, 即年度进步满意度)。州政府可关闭连续几年未达到 AYP 指标的学校。如果州政府不愿意执行《不让任何小孩落后法案》，该州将失去联邦政府的大部分教育资金。该法案的目标是到 2014 年所有学生的英语和数学达到精通水平。令人遗憾的是这一目标并未实现。到 2006 年，美国 29% 的学校已经被列为不及格。到了 2011 年, 这个数字不但没有下降, 反而上升。当年美国教育部长邓肯 (Arne Duncan) 在国会的教育听证会上说 82% 的学校将被贴上 "失败" 的标签 (Klein, 2015)。在奥巴马总统的任期内, 华盛顿特区和一半以上的州申请了放弃在州内执行《不让任何小孩落后法案》。数据显示 2006 至 2016 年间, 全美中学生的 SAT 数学成绩下降了 1.9%, 从 518 分降至 508 分; 而阅读成绩下降了 1.8%, 从 503 分下降到 494 分。2007 至 2016 年间, 除了亚裔、白人和未标明族裔的学生的 SAT 成绩没有下降外, 其他族裔的成绩都下降了。2016 年美国考试机构 College Board 采用了新的 SAT, 其难度低于 2016 年之前的 SAT。

2001 年美国的大一和大二学生的辍学率为 32.9%, 高辍学率的主要原因是美国的高中没有为大学输送合格的学生。2009 年, 美国州长联盟提出了《公共核心州标准倡议》(Common Core State Standard Initiatives)。公共核心学习标准详细定义了幼儿园到高中的各个年级的英语和数学的学习内容以及教学和学习方法。其目的是在美国建立一个统一的教学标准以保证高中毕业生能进入大学并顺利完成学业, 或能顺利加入就业大军。当年联邦政府还通过了《2009 美国再投资和复苏法》, 拨款 900 亿美元以提高教育质量、推广公共核心标准。可惜的是公共核心标准没有被家长和有些州接受, 甚至引发了一系列抵制活动。反对者认为统一标准的教育大纲和教学模式束缚了学生的创造性, 并带来 "应试教育" 等弊端, 不利于学生的全面发展。

简而言之, 从 1980 年至 2018 年美国教育改革主要是由联邦政府主导的。在这期间, 美国学生的数学和英语成绩没有显著地提高。

值得反思的是联邦政府制定了宏伟的教育改革方案, 花了大量的人力、物力和财力, 为什么教育水平还是没有提升? 美国审计总局曾在 1989 年审计各地教育改革的进展时, 发现了能使教育改革成功的九大特征并向国会报告了他们的发现。这些特征是:

（1）坚实的教学领导能力;

（2）高成就期望;

（3）人人知道教学重点;

（4）跟踪学生成绩;

（5）基本技能的获取;

（6）员工之间的协作;

（7）花时间钻研学科知识;

（8）家长的支持;

（9）安全有序的学校气氛。

对美国教育改革的展望

过去 50 年中，美国的教育改革主要是由联邦政府主导，学校和学区被动地参与。这些改革都没有成功。数据显示美国学生的数学和英语成绩在这 50 年中没有显著地提高。与此同时，美国在经济和科学技术等方面不但面临着日本和欧洲的挑战，而且还面临着中国和其他新兴国家的挑战。很多私营研究机构和国家资助的研究机构以及个人都在问同一个问题：现在知识增长这么快，怎么样才能够使美国在 21 世纪不被其他国家超越？

研究机构 Partnership for 21st Century Learning 询问了世界上规模最大的 100 家公司的 CEO、人事主管，这些公司包括 IBM、微软、中国的联想等，问题是：你们最需要的员工应具有哪些特质？2006 年他们把询问结果公之于众。他们的报告获得了社会各界的认可。报告中提到在 21 世纪除了需要学习文理知识外，学生必须具备三方面的能力：

（1）学习与创新能力

创造力和创新能力

批判性思维和解决问题的能力

交际沟通和合作协调能力

（2）信息、媒体和技术能力

掌握处理信息的能力

媒体素养

信息、通信和技术素养

（3）生活和职业技能

适应能力和伸缩性

积极主动和自我导向

社交和跨文化交流的能力

工作效率高、勇于承担责任

领导能力和责任感

培养学生的这些能力将是现在教育的方向。各个学校和学区应该从现在就做起来。

我们从美国教育改革中学到了什么？

不切中要害和形式主义的教育改革不能解决根本问题。从上到下的改革往往在执行时得不到学校和教师的支持。基层不是害怕改变，而是怕失去已被证明有效的教育方法或者对改革目的的紧迫性不够理解。

教改应接地气，应从学校和地方开始，然后推广到各地。上级政府应支持并扶植学校和地方改革，推广草根型的成功经验。

虽然教师在学生的学习中起着关键作用，但是正面的学校文化和领导的教学才能也十分重要。校领导与教学的领头人应积极参与教学活动的设计，在教学过程中能给予教师准确的反馈和有效的建议。

在教育改革之前，应对当前的教育状况、社会和企业的需求、经济和科技的发展趋势、可行方案、人力和财力资源等做好调查研究以知道哪些要改哪些不要改。

国家和地方政府在财政上支持学校，通过教师培训和进修来缩短与教改目标的差距。

参考文献

[1] U. S. Department of Education, A Nation At Risk, 1983, https://www2.ed.gov/pubs/NatAtRisk/risk.html.

[2] A. Klein, Politics K-12, Education Week, 2015.

[3] J. H. Best, Benjamin Franklin on education, New York: Columbia University, 1962.

[4] A. Blinderman, Three early champions of education: Benjamin Franklin, Benjamin Rush, and Noah Webster, Bloomington: The Phi Delta Kappa Educational Foundation, 1976.

[5] E. P. Cubberley, Public Education in the United States, Nabu Press, 1919.

[6] Encyclopedia Britannica, https://www.britannica.com/topic/National-Defense-Education-Act.

[7] FRED Economic Data, https://fred.stlouisfed.org/series/GDPCA.

[8] GAO/HRD-89132BR, Effective Schools Programs, Effective Schools Programs: Their Extent and Characteristics, 1989, U. S. A. General Accounting Office.

[9] G. H. Smith, Thomas Jefferson on Public Education Part 1, 2012, https://www.libertarianism.org/publications/essays/excursions/thomas-jefferson-public-education-part-1.

[10] No Child Left Behind (NCLB) Act, 2001, https://www2.ed.gov/nclb/landing.jhtml.

[11] Partnership for 21st Century Learning, https://www.P12.org.

[12] Wikipedia, List of countries by GDP (PPP) in the nineteenth century, 2017, https://en.wikipedia.org/wiki/List_of_countries_by_GDP_(PPP)_in_the_nineteenth_century.

小学数学教育中的"中国经验"

——兼论中国小学数学七十年

邱学华

邱学华,常州大学尝试教育科学研究院教授。

今年是新中国成立七十周年,中国人民在中国共产党的领导下,历经艰难困苦,奋发图强,终于从一个被世界列强欺凌、贫穷落后的旧中国,跃进成世界经济大国、军事强国,令每一个中国人扬眉吐气,欢欣鼓舞。

新中国成立四十周年、五十周年、六十周年时,我都写了一篇文章[1]回顾总结中国小学数学教育所走过的道路。现在到了七十周年,我要自豪地书写一篇大文章"小学数学教育中的'中国经验'"。我已是84岁的老教师,写这样的文章有点力不从心,可是决心已下,一定要拿起笔,这是对自己再一次的挑战,也是为中华民族伟大复兴大业贡献一份光和热。

一条迂回曲折的发展道路

新中国成立七十年来,中国小学数学教育走过了一条迂回曲折的发展道路,它同整个教育事业一样,虽然走过弯路,但始终是向前发展的。其中贯穿了一条红线,能够不断顽强地在中国化道路上迈进。

纵观中国几千年的文明发展史,古代数学研究上有着辉煌的成就,一直保留至今的"算书十经"就是明证。当今世界各国对中国的乘法九九口诀产生兴趣,认为这是中国人的伟大发明创造。但是可要知晓,乘法九九口诀在中国三四千年前就有了。早在春秋时代就已经有了齐国东野人献九九数给齐桓公的故事,说明当时已经流行乘法口诀。而从湖南湘西自治州里耶古镇出土的简牍中发现的九九数,让我们找到了实物证明。我在山东临沂市博物馆亲眼看到出土文物写在竹简上的九九数,从"一一得一"开始,到"九九八十一"。我们应该为祖国的悠久历史而感到自豪,由于古代科举制度只考四书五经,数学一直没有列入正式的教育内容中。

清代末年开始兴办学堂,在小学正式设立算术学科,所以中国小学数学的历史从这时算起到现在也只有一百二三十年历史。小学算术教材和教法先

是搬用日本的，后是搬用美国的。在学习日本和西方的基础上，中国人自己
编写课本，这里不得不提到一个人，被称为中国小学算术教学的奠基人俞子
夷先生，他是小学教师出身，后在浙江湘湖师范学校、浙江大学任教，新中
国成立前数套小学算术课本都是他编写的，他已经在摸索如何从欧美、日本
算术教材体系中渗入中国特色。20 世纪 60 年代，我在华东师范大学教育系
任教期间，开展小学数学教学史研究，经我的导师沈百英教授介绍，我专程
到杭州拜访过俞子夷先生，过后他写成《五十多年学习研究算法纪要——一
条迂回曲折的路》，"文革"后发表在《小学数学教师》杂志上，谈及他如何
探求中西方结合的思考。

　　新中国成立七十年，以下分为六个阶段进行回顾分析：

　　[第一阶段] 新中国成立初，百废俱兴。为了加快社会主义建设，在学习
苏联经验一边倒的大环境下，1952 年颁发新中国第一个《小学算术教学大纲
（草案）》。这个教学大纲以苏联初等学校算术教学大纲为蓝本，把苏联小学算
术课本翻译过来，稍做改动。因此，从内容到形式中国课本同苏联课本没有
多大的区别。但是苏联小学是四年制，我国是六年制，硬把四年的内容分摊
到六个年级，致使我国小学算术教学程度下降，而且低于新中国成立前。在
这个阶段，苏联的严密的数学教材体系对我国产生较大的影响，问题在于我
们脱离中国实际情况，照搬苏联教材。

　　[第二阶段] 1958 年"大跃进"开始，随即掀起了教育大革命。各地在破
除迷信、解放思想的指导下，纷纷自编数学教材。这些革新教材，冲破了外
国数学教材体系，摸索中国数学教材体系。但由于受"大跃进""高指标"的
影响，在教材内容上要求过高、过急，把大量中学数学下放到小学，小学生
竟然要学习二元一次方程组和二元一次不等式，违反了儿童学习数学的规律，
致使小学生该学的没有学好，造成教学混乱，质量下降。

　　[第三阶段] 前面两个阶段从正、反两方面给予我们教训，机械搬用苏联
教材，降低程度，或任意提出过高、过急要求，把中学数学教材过多下放到小
学都是行不通的。我们要从中国教育实际出发，按照小学生的学习规律，探
求适合中国实际情况的小学数学教材体系。因此，1963 年颁发的《全日制小
学算术教学大纲（草案）》应运而生。

　　1963 年《教学大纲》以及按照大纲编出的课本，强调加强基础知识教学
和基本能力训练（正式提出加强"双基"），提出培养三大能力：计算能力、初
步逻辑思维能力、空间想象能力。它摆脱了外国教材体系的束缚，不仅在教
学内容，而且在教材体系上都有较大的改进和提高。它使小学数学在中国化
的道路上迈出重要的一步，具有里程碑的作用。

　　[第四阶段] 1966 年"文革"开始，全盘否定新中国成立以来十七年教育

工作，把原来的教学计划、教学大纲、教科书污蔑为"修正主义黑货"，并进行批判。教育工作惨遭破坏，教育质量严重下降。

通过两次惨重的教训，好不容易迎来的1963年《教学大纲》和课本，仅用了三年时间，全部被禁用。可是在小学教学严重遭破坏的大环境下，特别要提到中国教师的责任心和教育智慧，他们不甘心无所事事，冒着受批判的风险，搞起三算结合教学实验，巧妙地利用"新生事物"作为掩护，竟然在全国推广起来。三算结合教学是把口算、笔算、珠算结合起来，这对今后建立具有中国特色的四则计算教材体系做了有益的尝试。事实证明，中国小学数学教育界人士就是在最困难的时候，也没有磨灭不懈追求中国化道路的精神。

〔第五阶段〕"文革"后，拨乱反正。邓小平同志亲自抓教学大纲和教材的建设，明确指出："关键是教材。教材要反映出现代科学文化的先进水平，同时要符合我国的实际情况。"教育部以最快速度在1978年2月颁发《全日制小学数学教学大纲（试行草案）》。这是一份试行草案，经过八年左右的实践，在此基础上修改完善，1986年12月由国家教委正式颁发《全日制小学数学教学大纲》。它是新中国成立以来第一个没有带"草案"两字的正式大纲，经过三十八年才有一个正式大纲，的确来之不易。

1978年、1986年这两个大纲是在1963年的大纲的基础上，根据我国实现四个现代化的要求，总结了国内外小学数学教材改革正、反两方面的经验教训而制订的。

这两个大纲最大的特点是，小学数学教学程度不变，比1963年大纲略有提高，同当时发达国家相比我们处于领先地位。我们采用"精选、增加、渗透"三种策略处理教材，构建具有中国特色的教材新体系。一、精选传统算术内容；二、适当增加代数初步知识和几何初步知识；三、渗透现代数学思想。它既能达到适当提高程度和要求，又没有把过多的中学教材下放，避免了走国外"新数学运动"的弯路。在具体教材的选用和处理上，既继承中国古代数学文化的精华，又重视汲取中国优秀教师的经验。这一系列的措施，使得中国小学数学教育在中国化的道路上迈进了一大步。

为了全面实施义务教育法，经过调查研究，广泛征求意见，几经修改，1992年颁发了《九年义务教育全日制小学数学教学大纲（试用）》。这个大纲同1986年大纲基本相同，但呈现程度不变、难度下降的趋势。1992年大纲另一个特点是提出"一纲多本"的原则，各地可以根据《教学大纲》的要求，编写出适合不同地区、不同层次需要，风格各异的多种课本。只要通过全国中小学教材审定委员会审查批准，就能在一定范围内使用。从此，结束了全国只有一套统编教材的历史。这一政策大大调动了全国各地编写教材的积极性，特别是一些高等院校、研究机构的参与，有力地推动了小学数学教育中国化的研究和实践。

以上回顾改革开放二十年来，虽然颁发了三个大纲，但是没有提"革命""革新"的口号，只是在原有基础上，通过调查研究，做适当的调整，保持了大纲、教材的基本稳定，让教师安心教学，逐步适应，逐步提高，逐步积累经验。因此，这二十年是新中国成立后中国小学数学教育发展的黄金时代。教学质量和研究水平得到有效提高，真正走上了中国化的道路。

［第六阶段］进入新世纪，开始新课程改革。这次改革采取自上而下，强势推行。以 2001 年颁发的《数学课程标准（实验稿）》为起点，不到三年时间就在全国范围内推开。

这次改革，大量吸取国际数学教育的新理论、新思想和新方法，强调在科技高度发展的信息化时代，学习数学主要在于"问题解决"，重在转变学习方式，发展思维。为了适应科技高度发展的要求，在小学增加概率初步知识、统计初步知识、几何初步知识（包括平移、旋转、坐标等）。特别指出，中国创造的算盘，在小学数学课本中消失了。

《数学课程标准（实验稿）》的实施，对在广大数学教师中普及国际数学教育界的新理论、新思想和新方法产生了一定的作用，在小学数学中引进概率、统计、几何等初步知识，做了有益的尝试。但是这次改革没有认真总结改革开放二十年以来探求中国化道路的经验，忽视了这二十年来的研究成果和优秀教师的经验。

在广泛的调查研究和征求意见的基础上，以东北师范大学史宁中校长为首的团队，对实验稿进行修订，颁发了《数学课程标准（2011 年版）》，这次修订强调加强双基，并提升到"四基"（增加数学活动基本经验、数学思想基本方法），使中国的"双基"教学有了新的发展。中国特色的算盘重新进入课本，原本增加的概率、统计、几何等初步知识适当降低要求，或移后到小学中高年级。

新课程改革的二十年再次证明，中国的数学教育必须走中国化道路，外国的新理论、新思想、新方法可以借鉴，但不能照搬。

最后，欣喜地告诉大家，教育部已经组织人力，对《数学课程标准（2011年版）》进行修订，预计新的《数学课程标准》将会出台，课程改革仍在进行中，中国小学数学教育在中国化的道路上正继续向前迈进。

世界需要中国经验

改革开放不久，在 20 世纪 80 年代后期，中国中小学数学教育奇迹般地处于世界领先水平。在国际数学奥林匹克竞赛（IMO）中，中国连年夺冠。夺金摘银成家常便饭，受到国际数学教育界的关注和赞扬。从 2009 年开始，中国上海第一次参加 PISA 测试，结果一鸣惊人，数学、科学、阅读三项都是世界第一，引起国际关注。2012 年，中国上海第二次参加，结果又是三项第一，并且把第二名远远甩在后面，震惊了全世界。

PISA 测试，这是一项由世界经济与发展组织（简称 DECD）统筹的国际性测试，名为学生能力国际评估计划项目（简称 PISA）。测试对象主要是接近完成基础教育的 15 岁学生（相当于中国初中二年级学生）。测试内容分为三项：阅读素养、数学素养、科学素养。试题并不限于书本知识，着重于应用及情景化，受测学生必须灵活运用学科知识与认知技能。由于命题的时效性、灵活性和应用性，以及测试办法的科学性和客观性，因此 PISA 测试越来越受到国际教育界的重视，已成为一项具有国际权威性的学生学习能力的测试，参与测试的大都是经济发达国家和地区。

由于历史原因，许多国家对中国的教育并不了解，偏见颇多。他们总认为中国教育很落后，教学方法很陈旧。所以，中国上海两次夺冠，特别是数学素养遥遥领先，震惊了世界。欧美一些国家纷纷派人到上海探求奥秘，要求中国派专家去介绍经验。

初二学生素养的高水平，得益于小学打好基础，因此欧美各国更加关注中国小学教育。英国多次派人到上海考察，通过分析比较，他们决定引进全套小学数学课本，连学生用的练习册《一课一练》也一起引进。这件事在国际上引起轰动，因为英国是西方发达国家，百年前是世界第一强国，教育发达，名校众多。加上英国人骄横自大、自命不凡，要他们放下身段向中国学习，实在是一件令人称奇的大事 [2]。

最近又传来好消息，受中国商务部委托，我们要为非洲南苏丹制定《南苏丹小学数学教学大纲》并根据大纲编出全套教材。应中南出版集团邀请，该项目由原西南师范大学校长、西南师大版小学数学课本主编宋乃庆教授主持。非洲南苏丹连年战乱，经济建设和文化教育都受到影响，该项目作为我国首个创新教育援外项目，帮助南苏丹人民尽快恢复和发展教育事业，受到该国和非洲人民的欢迎和肯定 [3]。宋乃庆校长是我国著名数学教育家，虽是一位大学校长，但他能够带领团队深入小学调查研究，从事小学数学课本编写已有 30 多年，有着很高的理论水平和丰富的编写教材的经验。他们的团队把这项工作作为一个重要研究课题，做到既突出了具有中国特色的小学数学教材体系，又考虑了南苏丹的国情，实在是一件复杂艰巨的系统工程，这个援非项目将会在非洲及世界产生深远的影响。这是习近平主席倡导的"全人类命运共同体"理念的具体体现，也是中国小学数学走向世界的重要标志。

上面两例，一个是发达国家欧洲英国，一个是不发达国家非洲南苏丹，正好说明无论是发达国家还是不发达国家都需要数学教育中的"中国经验",世界需要"中国经验"。

现在我们必须清楚地告诉世界什么是"中国经验",如果我们自己都说不清楚,怎样让别人来学习呢?听说有一个国家派专家到上海来考察,待了三个月还没有搞清楚中国学生的数学素养为什么这么高。他们看到中国教师上数学课都有铺垫练习,从旧知识导入新课,然后再展开逐步提高,他们如获至宝。有一位专家把这种做法改头换面,提出"有层次推进"的教学主张,更可怕的是有的中国学者把这种"有层次推进"作为国外新理论介绍给中国教师。这种"出口转内销"的事例,听了令人痛心。这里也有"知识产权"问题,你不抢先"注册",东西就变成别人的了。

中国数学教育界应该团结起来,群策群力,共同攻关,认真研究总结数学教育中的中国经验,将之作为中华民族复兴大业的一个部分,为了全人类命运共同体,为全世界的孩子服务!

什么是数学教育中的"中国经验"

本文第一部分已经阐明,新中国成立七十年来,小学数学教育一直在探求中国化的道路上迈进。我国数学教育界的有识人士已经在思考、研究和实践走中国化的道路。

以上海市教科院顾泠沅为首的团队,从 20 世纪 80 年代开始创立"青浦经验",其实"青浦经验"已经在数学教育中探求走中国化道路,其中已经闪耀出许多中国经验。在 20 世纪末按照上海市教委的要求,他们起草"数学教育的行动纲领",为新世纪的数学教育改革指明了方向 [4]。

以北京师范大学刘兼为首的团队,在 20 世纪末开展了"21 世纪中国数学教育展望——大众数学的理论与实践"课题研究,探求在国际数学教育的潮流下,结合中国的实际情况,走中西方结合的道路。研究成果《21 世纪中国数学教育展望》公开出版 [5]。他们从 20 世纪 90 年代开始编写的《新世纪小学数学课本》,就是在教学实践上进行探索。

以原华东师范大学校长、著名数学家王建磐为首的团队,专为上海市学生编写小学数学课本,以及配套的《一课一练》。这套课本和《一课一练》都被英国引进了。2008 年 7 月在墨西哥举行的第 11 届国际数学教育大会(ICME-11)期间,专门为中国开放"国家展示",全面介绍中国数学教育的成就和经验,主题鲜明,内容全面,资料丰富,形式活泼,赢得了国际数学教育界人士的称赞,提高了中国在国际数学教育界的地位。在这次"国家展示"的材料基础上,王建磐教授主编成专著《中国数学教育:传统与现实》[6]。

20 世纪 90 年代开始，中国的数学学习引起了世人的关注。在国际重要的数学测试中，如国际教育进展评价（LAEP）、国际数学与科学研究（TIMSS）以及国际学生评价项目（PISA），一再证明中国学生的数学成绩十分优秀。范良火等学者从中国传统文化的影响到现代数学教学的经验，揭示华人学习数学的奥秘，用英文写成《华人如何学习数学》（*How Chinese Learn Mathematics*），后再出中文版。由于作者用英文按照数学教育研究的国际规范进行撰写，在国际上产生较大的影响 [7]。

在这方面研究最早、最为系统的首推华东师范大学张奠宙先生，他是大学里教高等数学的，是研究中学数学教育方面的权威，是高中数学课程标准编制的组长，他又关注小学数学教育，写了大量的文章。他做了两件具有里程碑的事情：一是主编了《中国数学双基教学》[8]，二是在西南大学于波教授的协助下完成了专著《数学教育的"中国道路"》[9]，本书从中国传统文化兼容并包的思想和国际数学教育的新视角下，归纳总结了中国数学教育的六个特征：导入教学、尝试教学、师班互动、变式教学、数学思想方法教学，以及从"双基"到"四基"的教学特色。我认为这六个特征是数学教育"中国经验"的核心，是极其重要的。令人痛心的是，张奠宙教授在 2018 年 12 月离我们而去，这是他留给后人的极其重要的宝贵财富。我将在他的基础上吸取前面各位学者的研究成果继续研究"中国经验"。

前面概要地介绍了中国数学教育界有识之士对"中国经验"的研究成果，这里特别要指出的是，我们不能忘记创造"中国经验"的千千万万教学第一线的数学教师，没有他们就没有"中国经验"。

数学教育的"中国经验"主要是指，传承和发扬中国传统文化和教育的精华，在长期教育实践中经过广大教师的努力，逐步形成具有中国特色的数学教育理念和教学方法而达到教学高质量，并经过时间考验而广泛应用到数学教育实践中。我认为主要有以下九条：

1. 数学教学中的教育性

数学教学不仅仅是数学知识的传授，还必须要从中培养学生的思想品质、心理品质和情感价值观，这是学科教学中的教育性所决定的。

中国历次教学大纲中，在小学数学教学目的中都有进行思想品德教育的要求，主要有学习目的性教育、爱祖国爱社会主义的教育、辩证唯物主义观点的启蒙教育、良好的学习习惯的教育。所以，中国数学教师十分重视这方面工作。

学习目的性教育，要使学生明白学习数学的重要性，促使学生愿意学数学，喜欢学数学，刻苦学数学。早在三四千年前的《易经》中，第四卦"蒙"卦中指出"匪我求童蒙，童蒙求我"[10]，意为师长不应该强迫地教育孩子，而应该等待孩子来求教。这种"童蒙求我"的教育思想，为历代中国教育家所重视，并继承发扬光大。其实，用现代语言表述：从"要我学"变成"我要学"，充分调动学生的学习的主动性和积极性。

中国优秀教师在教学中特别突出要培养学生刻苦训练的顽强意志和一丝不苟的勤业精神。这是中国学生数学素养远超欧美学生的法宝。中国学校"教书育人"的优良传统，深入人心，发挥着巨大的作用。

2. 教学导入

中国数学教师上课，十分重视新课导入。在教学设计中都要安排"以旧引新的铺垫练习"，把它作为从旧知识通往新知识的桥梁。其实这种做法也是中国传统教育之精华，两千多年前孔子早就说过"温故而知新"。

教学导入是一堂课的开始阶段，一个好的新课导入是一堂课成功的关键。所以，教师在备课时都会下功夫，精心设计教学导入，创设各种各样的形式，有着丰富的经验。常用的导入方式有：直接导入、旧知导入、情境导入、问题导入、提问导入、游戏导入、实验导入、对比导入、故事导入。

如果在网上搜索会有几百万条与教学导入有关的内容，并且还有专著，把教学导入作为课堂教学艺术的重要组成部分，这是中国教师的创造，打上深深的中国烙印。一些外国专家到中国听课，发现都有新课导入，从旧知或情境引出新课，阐明本堂课的学习要求和教学安排，使学生迅速地进入学习情境。他们听了赞不绝口，称赞中国数学教师有高超的教学艺术，发出"难怪中国学生数学成绩这么好！"的感叹。

选择教学导入方式不能千篇一律，必须根据儿童的年龄特点和教材内容的特点，以教学目标的需要来选择和制定，必须灵活运用。这方面我们有教训，主要出现两个误区：一是过分强调"情境导入"；二是时间过长，影响教学任务完成。

情境导入必须用生活环境和实物图片等形象直观的方式创设，这种方式比较适用于低年级儿童。随着儿童年龄的增长和数学知识的发展，应尽可能减少形象直观的方法，否则会影响儿童抽象思维和概括能力的发展，反而画蛇添足，华而不实。另外，一堂课只有 40 分钟是常量，前面时间用多了，肯定后面时间就少了。教学导入仅是一堂课的前奏，为新课的出现做准备，一般控制在几分钟，如果时间用多了，反而会喧宾夺主，影响新课任务的完成。一些教师反映时间来不及，毛病就出在这里。

3. 尝试教学

20 世纪 80 年代改革开放初期，西方各式各样的教育思潮和教学方法涌入中国，其中影响最大的是发现教学法和探究教学法，它们几乎作为教育理论的主流影响着中国。

中国许多教师并不满足照抄照搬西方教学理论，而是要从中国教育实际出发，走自己的路，创造了丰富多彩、各具特色的教学方法。其中影响较大的是尝试教学法。

我在常州，顾泠沅在上海青浦，几乎同时开展尝试教学实验研究。青浦经验当时主要用在中学数学，主张"尝试指导、反馈矫正"。尝试教学法当时主要用在小学数学教学，提出"先试后导，练在当堂"。当时我和顾泠沅并不认识，也不知情，却都提出"尝试教学"，具体操作也大致相仿，有异曲同工之处，这充分证明尝试是学习的本质，反映了一定的教育规律。所以，一个在常州的小学数学教学中实验，一个在上海青浦中学数学中实验，最后却是殊途同归，成为中国教育界的美谈。

尝试教学的本质和具体操作，用一句通俗的话来说："请不要告诉我，让我先试一试。"数学教学中教师不要先讲例题，不把现成的解题方法和结论直接告诉学生，而是让学生先试一试，自己去解决尝试题。遇到困难，可以自学课本，因为尝试题同例题相仿，学生自学课本上的例题后，一般能做尝试题。如果再有困难可以向同学请教，运用小组合作学习。然后要求学生大胆地做尝试题，做错了也无妨。最后，教师根据学生尝试练习的情况，比如学生哪里做错了，困难在哪里，再有针对性的讲解。具体操作过程可概括为：先试后导、先练后讲、先学后教。在长期教学实践中已建立操作模式体系，有三大类：基本模式、灵活模式、整合模式。基本模式的流程只有七步：准备练习、出示尝试题、自学课本、尝试练习、学生讨论、教师讲解、第二次尝试练习。灵活模式是在基本模式的基础上变式，整合模式是把其他教育流派和教学方法整合到一堂课里，体现"一法为主，多法配合"[11]。

由于尝试教学法观点鲜明，通俗易懂，操作简便，效果显著，受到中小学各科教师的欢迎。其试用范围已遍及全国 31 个省、市、自治区以及港澳台地区，试用教师有 80 多万，受教学生达三千万人。2010 年在深圳举行首届尝试学习理论国际研讨会，美国佛州大学教授、国际著名智能测量专家瓦格纳评论说："尝试教学理论在中国得到广泛应用，有七八十万教师，三千多万学生参与，令人惊讶，这是世界上最大规模的教育实验之一 [12]。"

在中国教育理论界崇洋风气太盛的大环境下，张奠宙教授旗帜鲜明地指出，尝试教学法比发现教学法、探究教学法更切合"中小学的实际，投入的时间成本较低，尝试教学是一项可贵的创造"，"鉴于发现式教学在欧美诸国的失败，尝试教学应该具有推向世界的普遍价值"，"尝试教学可以走向世界，应该走向世界"[13]。

4. 加强双基数学

加强双基教学中的"双基"，一是指基础知识教学，二是指基本技能训练。新中国成立七十年来，我们对加强"双基"有一个逐步认识和提高的过程。

新中国成立初期，全面学习苏联经验。苏联的数学教学强调数学知识的系统性和严谨性，加强基础知识教学，注意讲清概念，重视直观教学，加强复习巩固等。当时的口号是："为使学生获得牢固的深刻的科学知识而努力。"但是在教学实践中发现，单单强调基础知识教学是不够的，还必须加强练习，培养学生能力。当时推广辽宁省黑山经验明确要求"精讲多练"。数学教学中的"双基论"的萌芽产生了。直到 1963 年《全日制小学数学大纲（草案）》颁发，正式提出加强双基教学。在这份大纲的指引下，教材编写和教学水平都达到前所未有的高峰。但在"文革"中惨遭破坏，加强"双基"无从谈起。"文革"后，改革开放二十年来，在 1963 年大纲的基础上，颁发了三个大纲，把加强"双基"作为数学教学的指导思想，使教学质量得到大幅度提高。新世纪的新课改，双基教学有所削弱，但到十年后颁发《数学课程标准（2011 年版）》，突出加强双基教学，并首次提出，从双基发展到四基。

综上所述，加强双基教学是在长期的发展过程中逐步形成和发展起来的，从发展趋向中清楚地看出，什么时候加强双基，什么时候教学质量就提高，什么时候削弱双基，什么时候教学质量就下降。所以，加强双基教学是中国教师提高教学质量的制胜法宝，是中国教师的伟大创造，应该是"中国经验"的核心内容。

中国教师为什么不懈地追求加强双基教学，这同中国传统文化有关，中国人一向崇尚"勤学苦练""勤能补拙""熟能生巧""务实基础"。同时对加强双基教学从理论层面进行研究，主要有四个方面：（1）记忆通向理解；（2）速度赢得效率；（3）严谨形成理性；（4）重复依靠变式 [14]。

进入新世纪后，对双基教学研究有了新的发展：一是双基教学是一个既稳定又有发展的概念，特别是数学基础知识的范围会随着社会的发展而变化，不是一成不变的。二是加强双基教学同创新教育的联系，张奠宙教授用一句通俗的话诠释：没有基础的创新是空想，没有创新的基础是傻练，要在双基的基础上谋求学生的发展。

5. 变式练习

重视练习是中国传统教育之精华，在中华民族的语言宝库里比喻勤学苦练的语句比比皆是，"拳不离手，曲不离口""熟读唐诗三百首，不会吟诗也会吟""熟能生巧""不下真功夫，难学真本领""一日练，一日功，一日不练，十日空""要想武艺好，从小练到老"等。

　　中国数学教师每堂课都少不了练习，20 世纪 60 年代在全国推广辽宁黑山经验"精讲多练"，其核心是"多练"，为了多练必须精讲。我在尝试课堂教学中提出"学生在练中学，教师在练中讲""一堂没有练习的课不是好课"。

　　重视练习是优秀数学教师的共同特征，他们不仅强调练习的数量，更追求练习的质量。练得熟，还要练得巧，要在"巧"字上下功夫。由此，逐渐产生变式练习的形式，并在教学实践中不断丰富、不断提高，形成了变式练习的教学体系，这是中国数学教师的又一创造，体现了中国特色。

　　所谓变式练习，是对同一类数学问题，采用变换条件、变换问题、变换内容、变换形式、变换位置、变换叙述方式、变换解题思路等组成一道或几道新题让学生练习。

　　如，在下面 4 个图形中，画出 A 向对边的高。

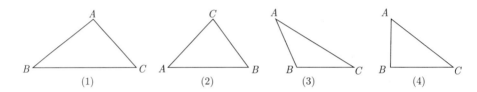

　　对于这 4 个三角形，问题都是画高，（1）图是标准图形，（2）、（3）、（4）图变换了位置，这是（1）图的变式练习，学生容易犯错。

　　下面再用应用题举例。

　　原题：服装厂计划做 660 套衣服，已经做了 375 套，还剩下多少套没有做？

　　变式题：

　　（1）服装厂计划做 660 套衣服，已经做了 5 天，平均每天做 75 套，还剩下多少套没有做？（变换条件）

　　（2）服装厂计划做 660 套衣服，已经做了 375 套，再做多少套才能完成任务？（变换叙述方式）

　　（3）服装厂计划做 660 套衣服，已经做 380 套，剩下的要求 4 天完成，平均每天做多少套？（变换问题）

　　（4）一本书 660 页，已经看了 380 页，剩下的要求 4 天看完，平均每天看多少页？（变换内容，变换问题）

　　一位外国专家听了中国教师的介绍，十分赞赏，称中国教师既做到多练，但又避免了机械训练，克服了思维定式。这种变式训练，让学生在变化中学习，从对比辨析中加深对数学概念的理解，能够促进学生思维的灵活性和敏捷性，充分显示中国人的智慧。

6. 师班互动

国外倡导的小组合作学习，一般是 4 人一组或 6 人一组，采用围坐的形式。在国外大都是小班化教学，一个班二三十人，分五六个组，可是在我国班级人数相对较多，一般是四十多人，多则六十多人。如果分成十多个小组开展小组合作学习，教师很难掌控，往往是"无话可讲"或"随意乱讲"，浪费宝贵的教学时间，这种小组合作学习只不过是走走形式而已。

20 世纪五六十年代，流行谈话法，师生通过谈话共同解决问题。优秀教师在谈话法的基础上，提升到师班互动合作学习模式，其实也就是大班讨论。

这种师班互动合作学习模式，首先由教师提出问题（也可由学生提出问题），然后组织全班讨论，根据学生回答的情况，教师逐步引导走向深入，直到解决问题。在大班讨论时，学生可以互相补充，互相纠正，互相争论，最后由教师总结，问题得到解决。

这种做法保证了教师的主导作用，教师要提出有价值的问题，要善于把问题引向深入，要尽量让更多的学生参与，特别要关注学困生，对学生的回答要给出评价，最好由学生互相评，最后教师的总结要明确、简练到位。这对教师驾驭课堂教学的能力提出更高的要求。

但是这种师班互助形式也会带来问题：一是班级人数多，学生发言的机会少；二是许多学困生不敢发言，成了"遗忘的角落"。为了避免这种尴尬，中国教师又想出一个高招：把师班互动与小组合作学习结合起来，在师班合作的基础上，需要的时候同桌两个人可以讨论，或者前排的两个人同后排两个人合成四人小组讨论。这样可以取长补短，教学形式丰富多彩，突现出真正的中国特色，这又是中国教师的智慧，令外国专家敬佩。

7. 当堂检测

我国重视多练，一般在课堂的最后都有"课堂作业"环节，让学生在课堂里完成一定量的作业，达到巩固知识的作用。但部分教师由于前面讲得太多，留给课堂作业的时间不多，往往匆忙收场，或把一部分作业留到课后继续做。这样教师无法及时掌握反馈信息，课后批改作业后发现问题，要到明天上课才能告诉学生。

20 个世纪 80 年代初，上海顾泠沅团队已经发现这个问题，所以在青浦经验中明确提出"反馈矫正"的要求。90 年代，在全国兴起目标教学研究，把一堂课的课堂作业改为"达标检测"。课的开始，提出教学目标称为"出标"；课的结束，进行"达标检测"，检测本堂课的效果。这样做，使教学质量获得大面积提高。但是，有些目标不是一堂课完成的，当堂就要"达标"是有一定困难的。另外，三维目标中的培养品德、意志、情感以及价值观是一个长期过程，不可能也不需要每堂课都来检测。因此，把达标检测改为"当堂检测"，更为合理。

当堂检测一般做法是，课的最后留 10 分钟时间，按本堂课的主要知识点，也可穿插一点旧知识，设计当堂检测题，每道题要有分值，满分 100 分。也可再出 1—2 题加分题，给优秀学生"加餐"。当堂检测的要求：一是当堂，必须当堂完成；二是检测，必须独立完成，从而全面了解学生掌握知识的达到度。检测后，在学习小组内互批、互评。优生帮助学困生指出错误。最后，有错误的学生自己订正。做到"堂堂清""人人清"。

这种当堂检测的做法，限制了教师讲解时间，否则无法做到当堂检测。当堂反馈矫正，使课堂教学效率极大限度得到提高，保证了教学质量大面积提高。

在国外很早就做了各种学习方式的对比教育实验，结果证明：当堂练习、当堂发现错误、当堂订正错误，这种学习方式学生进步最快。可惜在国外没有真正在课堂教学中落实。而在我国通过长期教学实践才逐步落实到课堂教学中，成为中国教师课堂教学的特征。

8. 提炼数学思想方法

数学教学中关注数学思想方法的提炼，是中国数学教育的重要特征，先是在中学应用，然后渗透到小学。开始仅是作为研究课题，直到 1986 年大纲正式规定教材选用的原则为"精选、增加、渗透"，其中"渗透"，明确提出"渗透现代数学思想"。在小学数学教学大纲明确提出这个要求，在国际上是很少见的。2011 年，我们在数学课程标准中进一步提出把"双基"提升到"四基"，把"数学思想基本方法"列入其中，把提炼数学思想方法提到一个新的高度，现在国际上很少有国家这样做。

数学思想方法论研究，在中国首推徐利治教授，他在 1980 年出版《浅谈数学方法论》，1983 年又出版《数学方法论选讲》，以作为这方面研究与应用的理论基础。

在小学数学教学中经常运用的有化归思想、转化思想、数形结合思想、函数思想、方程思想、统计思想、替换思想等。例如：

$$\frac{5}{6} + \frac{3}{4} = \frac{10}{12} + \frac{9}{12} = \frac{19}{12} = 1\frac{7}{12}$$

这里可以渗透转化思想。异分母分数加减法，通过通分，可转化成同分母分数加减法。这说明异分母和同分母在一定的条件下可以互相转化，所以转化思想是帮助人们把新的知识结构纳入旧的知识结构，把复杂的结构转化成简单的结构，求得问题的解决，下面再举应用化归思想的案例。

旧知：两地相距 240 千米，甲车每小时行 80 千米，乙车每小时行 60 千米。两车同时相向而行，多少时间能相遇？

新知：一项工程，甲队做 3 天能完成，乙队做 4 天能完成。两队合作多少时间能完成？

表面上看起来，这两道题各不相同，一个是相遇问题，一个是工程问题。但是仔细分析，这两道题的结构是相似的，有相似的数学建模。我们可以利用化归的数学思想方法，把工程问题化归到相遇问题，也就是可以把新问题化归到旧知识上来考虑，求得问题的解决。

中国的数学教师已经不满足于学生算得正确或解决了问题，而是要求上升到用数学思想方法去分析问题和解决问题，促使学生能够在更高水平认识数学和学习数学，有效提高学生的数学素养。

9. 完整的教研网络

中国小学数学教学质量的高水平，同国家有一套完整的教研网络是分不开的，这在世界上是独有的，这也是中国特色，应该成为中国经验的一个组成部分。

新中国成立后，我们逐步建成了一套完整的教学研究系统，全国有中央教科所，各省有教研室，各市、县、区也有教研室。它属于教育行政机关的一个部门，配有专职的数学教研员。这些教研员都是从有丰富教学经验的优秀教师中选拔出来的。教研室的主要任务，是研究教学实际问题，指导教师教学，组织教学研究活动，对学生教育质量进行评估，培训教师等。它同一般的研究机构不同，它必须深入教学第一线，直接同教师面对面指导。

中国的各级教研室对大幅度提高教学质量、推进教学改革和教学研究，对数学教育中创立"中国经验"发挥了巨大作用，功不可没，这是有目共睹的事实。

但是也有不同的声音，经常会有取消教研室的呼声。早在 1986 年取消教研室的呼声很高。当时教育部领导在听取上海顾泠沅先生汇报青浦经验时，征求他对教研室的看法。他回答说："至少从我所经历的几个时段来说，什么时候重视教研室的作用，那时的基础教育就进步就发展；什么时候取消或否定教研室，那时的基础教育就停滞倒退。[15]"顾先生的话，说出了绝大部分教师的心声。在新课改初期，也有一位权威课改专家说，特级教师是新课改的障碍，教研室是新课改的阻力，也想否定教研室，幸好当时的领导没有按照这位课改专家的意见办。

可是目前一些地区教研室遇到被异化的困境，有丰富教学经验的老教研员退休了，被虽有高学历但缺乏教学经验的人所取代了。教育行政机构给教研室布置非教研的行政任务，使教研员逐渐脱离教学第一线，原来教研室的作用被削弱了，这个问题应该引起有关方面的重视。

上面论述的中国经验的九个方面是互相联系的，组成一个系统。

数学教育中的"中国经验"，是一个极其重要的研究课题，是一个有关中国小学数学教育走向世界的大问题。本文仅是抛砖引玉，提出来供大家讨论，期待着能够开展一场大讨论，对中国经验有一个比较一致的基本看法。让我们昂起头、挺起胸膛，走向世界。

参考文献

[1] 邱学华，我国小学数学教学四十年回顾，《福建教育》，1989 年第 7、8、9 期.
邱学华，我国小学数学五十年的回顾，《人民教育》，1999 年 10 月.
邱学华，我国小学数学六十年的变迁，《小学教学（数学版）》，2009 年 10 月.

[2] 邱学华，有感于英国引进上海小学数学课本，《小学数学教师》，2017 年 5 月.

[3] 联合电讯网，中南传媒助力南苏丹教育，定制三个科目教材 [EB/OL], https://m.sohu.com/n/48445162/?wscrid=95360 1,2018-03-23/2019-05-10.
环球网，"南苏丹模式"，开启中国教育援外新篇章 [EB/OE], http://world.huanqiu.com/exclusive/2018-06/12360224.htm/?agt=15422.2018-06-27/2019-05-10.

[4] 顾冷沅，亲历青浦教学改革 30 年，《人民教育》，2008 年第 20 期.

[5] 刘兼主编，21 世纪中国数学教育展望（第一辑、第二辑），北京师范大学出版社，1995 年 12 月.

[6] 王建磐主编，中国数学教育：传统与现实，江苏教育出版社，2009 年 9 月.

[7] 范良火、黄毅英、蔡金法、李士琦，华人如何学习数学（中文版），江苏教育出版社，2005 年 7 月.

[8] 张奠宙编，中国数学双基教学，上海教育出版社，2006 年 5 月.

[9] 张奠宙、于波，数学教育的"中国道路"，上海教育出版社，2013 年 6 月.

[10] 李楠编，四书五经，北京燕山出版社，2010 年 8 月第 1 版，第 490 页.

[11] 邱学华，请不要告诉我让我试一试，《人民教育》，2011 年第 13、14 期.

[12] [美] 瓦格纳，尝试学习理论具有创新性和系统性，《尝试教育研究》，北京师范大学出版社，2012 年 10 月第 1 版，第 13、14 页.

[13] 张奠宙、于波，数学教育的"中国道路"，上海教育出版社，2013 年 6 月，第 185 页.

[14] 张奠宙编，中国数学双基教学，上海教育出版社，2006 年 5 月，第 226—227 页.

[15] 顾冷沅，亲历青浦教学改革 30 年，《人民教育》，2008 年第 20 期，第 36 页.

重创理科教育的美加课程改革

沈乾若

摘要

分析北美中学课程的设置及标准的变更在理工科教育衰落中的颠覆性作用。其一，联合国教科文组织自 20 世纪 60 年代以来倡导和推行综合科学课程，代替初中阶段物理、化学和生物的分科设置；降低了科学教育在基础教育中的比重；教师对非本专业的学科一知半解，教学质量一落千丈；定性描述的科学普及性质，亦不具备奠定理工科基础的功能。这类课程在世界范围内拖垮了科学教育。其二，几十年来，中小学数学课程标准频繁变更，削减内容，降低深度。尤其小学"发现式"课程标准，将传统小学数学的内容、结构和方法推倒重来，使之面目全非。"发现式"数学压缩算术，引进中学里超乎小学生认知能力的代数知识；轻忽标准四则运算，弱化逻辑思维；思维与解题方法幼稚笨拙甚至错误百出。数学教育由此被釜底抽薪，大幅衰落。

1. 美加理科教育的衰落

美加基础理工科教育的衰退，是不争的事实。以 2015 年为例，全美颁发的学士及以上学位，本、硕、博分别为 1 894 934、758 708、178 547 个；而 STEM 领域仅 336 465、112 252、28 037 个，占比 17.8%、14.8%、15.7%。但商科一项的学士即有 363 799 个，竟多于 STEM [1][2][3]！

不难想象数据背后的真实图景。STEM 所涉及的学科构成学校教育的半壁江山，决定一个国家的科技进步和经济发展。当只有很少一部分学生进入这个需要真才实学的领域，试问国家的发展前景如何？

笔者在加拿大授课多年，对学生的学习状况有切实的了解。年、月、日以及四季的形成，牛顿力学定律，欧姆定律等，青年人中懂得的比例有限；$1/3 - 1/4$ 这样基本的分数运算，会做的学生不多。学生学到的理科知识很死板，档次低，忘得快；更达不到融会贯通，举一反三的程度。对于学业基本功如计算能力、列方程解题的能力、作图能力，以至逻辑思维能力、科学表达能力，等等，高中毕业生未必能达到初中毕业的水平 [4]。

　　笔者并非完全否定西方的基础教育。美国教育是分层的，大众教育固然衰弱已久，精英教育却不曾放松。少数公立和私立中小学，在教学与管理上都很严格，培养出了精英人才。再者，西方传统教育的理念和做法极其宝贵：定位于全面发展的人文教育，独立自主的批判思维，珍视与培养创新能力，人才培养的多样化理念与渠道，等等。即使在大大衰落了的今天，仍然值得发掘与学习。

　　然而，北美及西方大范围的理工科教育却早已风光不再。改变是长期的、多方面的，造成衰落的因素也是多重的。制度层面的弊端如学校体制，学生管理和选拔，师资培养与教学监管等，长期起着潜移默化的作用；而更为伤筋动骨的，则是频繁而盲目的课程改革 [5]。

　　一九五七年，苏联发射了第一颗人造地球卫星，史称"史普尼克时刻"；给美国带来极大冲击。美国教育从此进入频繁改革的一个历史时期，而且带动了其他国家的教育变革。其中两项课程改革危害最为严重：其一，以综合科学课程取代物理、化学和生物的分科设置；其二，中小学数学课程标准频繁重修，传统小学数学被"发现式数学"取代。二者都是剧烈的变革，另起炉灶，推倒重来，短时间内颠覆了传统教育。

2. 综合科学课程颠覆了科学教育

　　以各科学分支组合在一起的综合科学课程（国内又称综合理科）代替物理、化学和生物的分科课程已实行半个多世纪，从根本上改变了世界的中等科学教育，并不可避免地影响了高等科技与工程教育 [6][7]。

2.1. 综合科学课程的兴起与发展

　　综合科学课程由联合国教科文组织（UNESCO）所倡导并推行。1968年，UNESCO 发布了综合科学课程项目规划，并提供一系列出版物、研讨会、前期实验报告以及有关咨询服务。1971、1973、1974、1977、1979、1990 年，UNESCO 相继出版了六卷题为"综合科学教学发展趋势"的报告，记录、指导和推进该类课程在全球范围的实施 [8]。

　　1986 年 UNESCO 的报告显示，绝大多数国家和地区都取消了传统的分科设置，在初中阶段设置了综合科学课程；包括东亚的日本、新加坡、韩国、中国香港及台湾地区。仅有中国大陆和老挝继续分科。21 世纪以来，中国教育部也以综合课程作为教改方向，大力推行，但遭遇基层与广大教师的抵制而未能大面积实施 [9]。

　　综合课程早已在全球范围取代物理、化学、生物而成为初级中学科学类课程的主干，占据统治地位；不但面向就业类和文科类学生，也须承担为理工科学生奠定学业基础的任务。

然而，本文第一部分提供的数据和事实，揭示出当今世界各国学生科学素养之惊人的低下。

2.2. 综合科学课程设置与内容安排

小学阶段的科学课程，称为"自然"或"科学"，当然是综合性的，没有疑义。中学最后两年，理科仍然分科设置，亦不成问题。分歧在于中间阶段，即国内初中至高一的理科，分科还是综合？

先来看一看中国大陆传统的理科设置。中学物理从初二开始，至高三毕业共学五年；化学由初三开始，共学四年。内容安排均由浅入深，循序渐进，扎扎实实奠定基础。生物学科的安排与之类似。教改试点的上海，名义上也曾引入综合课程，但只限于六、七年级，作为由科学启蒙到科学入门的过渡；八年级开始仍然分别设置物理、化学、生物等课程。

在美国，不同的州甚至不同的学区，学制都可能不同。但很多州采用6+2+4学制，即小学六年，初中两年，高中四年。小学与初中理科属于综合类型。高中四年，两类课程均有提供；理、化、生分科课程，每科通常只设置两年。理工类学生通常前两年选修综合课程，后两年拿分科课程；或者第一年拿综合课程，第二、三年修分科课程，最后一年拿 AP 课程 [10]。

加拿大的学制是 7+5。小学七年，中学五年，没有严格的初、高中之分。相对而言，加拿大科学课程的设置较为整齐划一。八、九、十年级均开设综合课程，称为"科学"，为必修课。十一、十二年级才提供分科课程，而且均为选修。中学毕业要求很低，两年中理、化、生六门课只需修一门即可毕业。

综合科学课程的内容，从笔者所在的加拿大卑诗省的课程标准表 1 可见一斑 [11][12][13]。加拿大八至十年级科学课程涉及学科较多，但不存在实质上的"学科综合"，不过组合拼装而已。对比表 1 和表 2[14] 可见，科学课中涉及的物理内容不多，故物理 11 必须包罗万象；而且一年内从匀速直线运动讲到相对论，内容之多，跨度之大，学生很难接受。蜻蜓点水，走马观花，套公式做题，是普遍的学习状态。这样的课程设置之违反科学，显而易见；与中国大陆形成鲜明对照。在卑诗省讲授十一和十二年级物理多年，笔者深知物理是加拿大学生最感困难的学科。选修物理课的学生因而少之又少，大致15%—20%。

中国香港、新加坡 [15]、韩国等虽然也引入了综合课程，但与美、加不同，他们的综合课程要么学习年限较短而分科较早，要么课程的设计照顾到学科的系统完整性，接近于分科课程。这当是其科学评估成绩排名靠前的原因。

本文讨论的，是加、美等西方国家实行的典型的综合科学课程。

表 1　加拿大卑诗省中学科学课程设置与内容

	生命科学	物理化学	地球/空间科学
科学 8	细胞与系统	光学基础、流体	地球上的水
科学 9	繁殖	原子、元素、化合物、电学基础	空间探索
科学 10	可持续性	化学反应、放射性、运动（匀速和匀加速）	自然界能量转换

表 2　加拿大卑诗省高中物理内容

物理 11	波、声学、几何光学、运动学、力、牛顿定律、动量、能量、狭义相对论、核的裂变与聚变
物理 12	矢量、运动学、动力学、功和能、动量、物体平衡、圆周运动、万有引力、静电学、电路、电磁学

2.3. 综合课程颠覆了科学教育

笔者认为，以综合课程取代物理、化学和生物的分科设置，是教育史上一次重大错误，对科学教育造成了根本性的损害。

首先是科学教育地位与比重的改变。综合课程的引入，将理、化、生三门课程合并成一门，大大减少了科学教育的课时，将时间让位于文科或其他选修课，以及学生休闲玩乐。科学被其他课程与活动所侵占，得不到足够的投入。科学教育在西方基础教育中的比重，早已今非昔比；它无法承载宏大精深的各学科内容，学生得不到所需要的基础科学知识及科学素养。科学教育究竟应该占怎样的比重，尽管仍然是一个尚待解决的研究课题；但世界各国正在吞咽长期轻忽科学教育的苦果，则是无法否认的现实。

第二，师资问题。足够的合格师资乃课程设置的前提条件。然而以中学教师的知识结构和学业水平，是否有能力承担综合课程教学？看一看表 1 便知，只有极少数教师可能掌握科学课所包括的各科内容。即使只是定性的描述，缺乏深入的理解也不可能讲解清楚。本人接手的大多数学生，全部学过八至十年级的科学课程，却连其中的匀速直线运动、欧姆定律等简单基本的概念和公式都不清楚。十一年级物理几乎一切从头开始，反映出科学课师资的物理学养之差。生物部分的效果可能好一些，毕竟难度不同，而且是很多任课教师的专业特长。

在科学尚不发达的时代，科学教育确是以综合课程的形式呈现的。然而发展至今，每一门学科都包含信息量极大的一个知识网络；没有人可以再做到无所不知，无所不能；综合课程作为学科基础已然失去了存在的土壤。

师资问题其实很好解决，恢复从前的分科教学即可。现在的做法使得现成的师资不得用其所长,一些教师却不得已讲授自己一知半解的东西。半个世纪实行下来,几代人被耽误了。

第三,课程性质。只要对课程稍有了解,便知综合课程讲授的知识是描述性、常识性的,属于科学普及一类,很少有概念的深入讲解和公式的推导应用,与奠定学业基础的要求相距甚远。另外,各分科课程均构成有机的整体,具有内在逻辑性,利于学生扎实、系统、完整地掌握知识。综合课程又哪里具有这样的功能呢?

初中阶段是学生逻辑思维、智力开发的黄金时期,错过了一生都难以弥补。由于安排了综合课程,后续的物理、化学和生物每科只能学两年,而真正意义上的学科学习这时方才开始。学生年龄已大,时间太短,尤其对物理学科来说更是困难重重。力、热、声、光、电,何其庞大而深奥的一个知识体系?学生如何能够掌握知识,获得像样的训练,成就科技人才?

据笔者的了解,由于缺少合格师资,学生从综合课程学到的知识少之又少。不但无法为理工科奠定基础,在培养低层技术员工方面也不合格;即便作为科学普及都十分勉强。

科学主干课程需要足够的时间与投入,扎扎实实,为大厦夯实根基。能达此目的者非分科课程莫属。即使文科和就业类学生,在当今的高科技时代,初中阶段学习并切实掌握各门科学的基础知识也是必要的。

从初中到高中的物理、化学和生物分科设置延续了一百余年,培养出一代又一代各个档次的人才,满足了科技与经济发展的需要。这本已充分证明了分科设置的有效性。对照综合课程实行半个世纪以来科学教育江河日下的局面,结论一清二楚。

3. 数学课标蜕变及"发现式"数学釜底抽薪

3.1. 美加中小学数学课标的变更

加拿大数学课程的安排是,代数、三角、几何等分支内容分散在各个年级;穿插讲授,循次递进。

数学内容和难度也无法与中国相比。卑诗省九十年代的数学大纲还过得去;然而之后中学数学一减再减,深度一降再降。十二年级的二次曲线、概率统计等均已删除。几何被砍得最狠,变成了"形状与空间"。即只教是什么,没有推理证明。最常用的"相似三角形",本省高中生竟然闻所未闻!立体几何与解析几何更是无影无踪。

数学改革中危害最甚者为小学的所谓"发现式数学"。该课程标准是美国在 20 世纪 60 年代的"新数学运动"中制定的。发现式数学,顾名思义,倡导学生主动探索数学知识。这一出发点鼓励独立探索和创新，向来是西方教育的优势。中国古已有之的"启发式教学"，国内一些教育家提倡的"尝试教学法"，也是为了摒除灌输式的弊端。然而，北美的"发现式数学"，将传统课程标准推倒重来，在内容、结构以及思路与方法上全然不同；结果南辕北辙[16]。

3.2. "发现式"与传统小学数学内容比较

小学数学过去称为"算术"，即核心和主体是算术，辅以几何初步。而发现式数学中，算术被压缩成一个部分；中学数学的一些内容，诸如变量、方程、函数、数列等进入小学。人们希望孩子们在低年级就能学到比较高深的数学知识。

算术含自然数、整数、分数及小数，度量衡，加减乘除四则运算，百分数，比例，比率，等等。这些构成了人们日常生活与工作中必要且足够的数学知识技能。代数则不同，它是在科学技术的发展中形成的，用来解决比较复杂的问题；日常生活中通常用不到。算术亦是学习代数、三角、物理、化学等学科的前提；而且它简单易懂，贴近生活，能够刺激小学生的好奇心与求知欲，适合他们的兴趣与智力水平。再者，算术中包含丰富的逻辑推理，典型的如四则运算的综合运用，对于培养学生的分析思维能力极其有益，对其智力发育起着不可替代的作用。算术作为小学数学的核心和主体内容，是被长期实践结果证明的成功做法。算术和语文并列，构成一个人的文化基础。

然而，很多人看不到这些。在他们眼里，算术不过是一组计算技能而已，没什么理论。由于这样一种错误观念，算术被当成了丑小鸭，被删减、压缩；中学数学中抽象的内容下放到小学。传统数学从而被发现式数学所取代。

为深入比较，我们考察两项内容：四则运算的综合运用和"发现式数学"中称作"模式"的数列。

国内小学数学，四则运算的综合运用为一个相当重要的部分；诸如匀速运动、工程问题、鸡兔同笼之类，各式各样的应用题很多，有些具有相当难度。因此，学生从小在逻辑推理和分析思维方面就受到了训练；不仅掌握了运算技能，而且对其本质获得了切实的理解。他们了解什么情况下应用、怎么应用每一种运算。但这部分内容在"发现式数学"中极少，仅有的题目类型为简单的年龄和钱数计算等。故对美加大多数学生而言，前述应用类题目难得不可思议。

数列是所谓"模式"的主要内容，多为等差数列；如 2, 5, 8, 11, ⋯，要求学生确定其中的规律，写出后续若干项。有的题目甚至要求学生写出定义该数列的公式。下面这道五年级题目出自加拿大西北各省的教科书《聚焦数学》[17]：

以下哪一表达式描述了模式 $108, 96, 84, 72, \cdots$？

A. $108 - n$　B. $n - 12$　C. $n + 12$　D. $108 + n$

正确答案为：$120 - 12n$，其中 $n = 1, 2, 3, \cdots$。令人讶异的是，题中所给的四个答案竟没有一个是对的，着实贻笑大方。对教师和教材编写者都有难度的题目，为什么要十来岁的孩子们做呢？

不可否认，辨识模式或规律的题目提供一种归纳思维的训练，适当的练习一些是有益的。问题在于难度的掌握和所占的比重。有些题目过于复杂，不但多数年幼的孩子无法招架，连教师和家长也被搞得一头雾水。再者，取消更为实用的算术内容，而年年重复这样的训练，得不偿失。

以代数取代部分算术的做法，可以说，相当于建造大厦而不打地基。

3.3. "发现式"与传统小学数学结构比较

在美国获得数学教育学位的马立平博士对美国的小学数学教育进行了深入的研究。在其 2013 年 3 月发表的"美国小学数学结构之批评"一文中，她比较了传统数学和发现式数学结构上的差异 [18][19]。传统小学数学的特点，是以算术为核心科目，在适当的位置插入度量衡、初等几何及概率统计入门。发现式数学则呈现出"条目并列"结构——若干彼此间没有内在逻辑联系的内容并列在一起。

发现式数学中，算术被删减，不再有核心和主体，传统小学数学严密的逻辑结构就此被丢弃；完整有机的一个体系变成了若干数学分支的混合体。加拿大卑诗省小学数学的条目，包括数与计算（算术）、模式与关系（代数）、形状与空间（几何），以及概率统计等四项。每个条目之下还有次级条目。各条目从一年级引进，年年出现，直到小学毕业，甚至延伸至中学 [20]。

不仅如此，条目的内容可以随意变更或增删，使传统小学数学的稳定结构被一个脆弱的不稳定结构所取代；给课程标准的制定者提供了很大的空间与自由度，以进行所谓的"创新"，从而设计出了诸多不同版本的"发现式数学" [21]。

3.4. 发现式数学思路与方法

发现式数学轻忽以至放弃加、减、乘、除竖式运算等传统算法，编造出很多幼稚荒唐的套路要求学生掌握。譬如无处不在的图示法，要三年级学生数圆圈计算 $5 + 8$，用"加倍再加一"的规则计算 $6 + 7$，等等，花样百出，画蛇添足。

来看一看引自《聚焦数学》的两道题 [17]。

　　第一题要求用图示法解释"数位"概念。当引入个、十、百、千等数位时，用不同维数的条条、块块等图像可以使概念直观；如下面第一图代表数字 1365，图示法确有帮助。然而，第二图代表什么小数，则不易看出。图像本身都不直观，有什么用呢？事实上，学到小数的时候，学生已经掌握了数位的概念，具有一定的抽象思维能力。继续使用图示法纯属画蛇添足，增加学生负担，更是一种倒退。

　　图示法旨在帮助引进抽象概念，抽象思维才是数学学习的目标。停留在低级幼稚的图示法非但繁琐，而且妨碍学生思维能力的进步。

　　第二题是两位数加减法，譬如 48 + 30 和 81-50，要求学生用下面的 10 × 10 数表。加 30 需向前数 30 个小格，减 50 要倒退 50 个小格！这样原始笨拙的方法，居然堂而皇之地写进了教科书，令人无语 [17]。

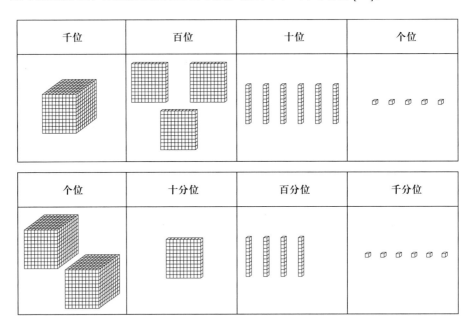

　　能够用多种方法解题本是好事，值得提倡。但需要进行比较，找出最佳方法。就四则运算而言，竖式运算和长除法乃前人反复钻研的结果，已为学界所公认。学生必须集中精力于这样的标准方法，反复练习，以掌握运算技能。发现式数学用一些莫名其妙的方法挤掉了标准方法，结果学生什么也学不到。

3.5. 课程标准的制定是严肃的科学研究

　　发现式数学标准釜底抽薪，乃美加数学教育衰败的首要原因。

　　小学数学所教授的，是千百年前建立的古老的数学分支，是数学与科学大厦的基石；既不高深，更非前沿。某些增删或改进也许必要，但其基本内容与方法的稳定是理所当然的。课程标准与教材只有在继承的基础之上改进，方才能够越改越好；大幅度的变动甚至推倒重来肯定出乱子。然而过去的半个多世纪，在"创新"的名义下，国外专家们另起炉灶，标新立异；小学数学被频繁地、任意地改动。发现式数学充斥着不当的内容和方法，甚至许多错误；疮痍处处，面目全非。不但使小学数学一落千丈，也为中学数学和科学造成难以克服的障碍。

美国大多数州现已不再执行发现式数学课标，自 2010 年起陆续采用各州核心课程标准。后者有不少改进，但仍然存在问题。加拿大还在继续实施"发现式数学"。

课标的制定绝非产品设计，可以为所欲为；而是严肃的科学研究，寻求和确定建构学生知识大厦的正确途径。故制定标准必须非常谨慎。由于课标不当，几代美国人已经在数学上遭遇了滑铁卢；在加拿大，"数学恐惧症"也在大幅蔓延。

4. 结束语

前美国教育部长助理，著名教育评论家 Diane Ravitch 指出："从二十世纪关于教育的漫长而激烈的辩论中，如果说有一项教训必须汲取，那就是，要像躲避瘟疫一样地躲避任何教育'运动'。"上述课程改革，乃某些所谓教育专家大权在手后的倒行逆施。其源头是西方极端自由主义的"左倾"思潮，所谓的"政治正确"。这股思潮是全方位的；吸毒合法化、对非法移民的放纵、高企的社会福利，等等；不负责任的所谓教育改革只是其中之一。

教育改革的口号和理念听起来十分诱人。原本正面的观念，如尊重孩子的个体差异与个性发展，培养独立意识与创新能力，等等，被推向了极端。结果适得其反，过犹不及。这样的思潮中发生的教育改革，本质上是对传统教育轻率而粗暴的否定，是在改革进步名义下的倒退。思潮背后是教育领域的各种利益集团。工厂须生产合格产品，医生得治病救人。但教育不同，其实际效果的显现滞后数十上百年，从而给各种理论、思潮和政策留下很大的折腾空间。

师者，所以传道、授业、解惑也。教育的基本功能乃"传承"，一代代传承数千年来人类创造的辉煌科学文化。中国及西方的传统教育均有改进提高空间，创新是必要的。然而"创新"必须建立在继承的基础之上，而不是另起炉灶；否则不过重复前人走过的弯路以至回头路，很难真正进步。再者，技术可以不断地推陈出新；科学的演进则不同，它艰难而缓慢；以传承科学文化为宗旨的基础教育，更应当持续稳定。当"创新"成了教育领域一个时髦的口号；当这一观念被推到极致，成了无本之木，无源之水；当数以千万计甚至亿计的孩子被当作小白鼠；这样的"创新"非常可怕！

由于中国大陆教育与国际接轨晚，以及教育基层及教育界有识之士的抵制，上述两项课程改革在国内未能全面铺开，造成的危害因而远远小于西方国家。这种抵制出于一千余年科举选仕造成的奋发向上的社会心理，及由此带来的整个社会对教育的高度期望；同时也体现了中国基础教育的强大与成熟。

中国与西方的教育各有优劣，学习应当是相互的。而且彼此的学习借鉴务须谨慎，以实践结果为依据。道听途说和盲目照搬，只会给各自国家的教育造成难以弥补的损失。

参考文献

[1] "Bachelor's degrees conferred by post-secondary institutions, by field of study: Selected years, 1970-71 through 2015-16", Table 322.10, Digest 2017, NCES.

[2] "Master's degrees conferred by post-secondary institutions, by field of study: Selected years, 1970-71 through 2015-16", Table 323.10, Digest 2017, NCES.

[3] "Doctor's degrees conferred by post-secondary institutions, by field of study: Selected years, 1970-71 through 2015-16", Table 324.10, Digest 2017, NCES.

[4] "六十年亲历之中西教育"，沈乾若，百度文库，2016.

[5] "北美理工科教育是如何衰落的"，《文学城》网站"我的中国"论坛，2019.

[6] "综合课程与科学教育的衰落"（原题"综合理科为科学教育带来了什么"），沈乾若，加拿大博雅教育学会网站，www.boyaquest.org，2015.

[7] "博雅教育学会会长致信中国教育部部长：请勿盲目施行综合理科"，沈乾若，《万维读者网》，加拿大博雅教育学会博客，2014.

[8] "UNESCO and the Teaching of Science and Technology", www.unesco. org/education/pdf/LAYTON.

[9] "初中科学课程的尴尬与出路"，林赛霞、林海斌，课程教材研究所，人教网，2008.

[10] "美国高中理科课程设置顺序调整研究及启示"，周仕东、郑长龙、李德才，《比较教育研究》，2010 年第 8 期.

[11] "SCIENCE GRADE 8", Integrated Resource Package 2006, British Columbia Ministry of Education.

[12] "SCIENCE GRADE 9", Integrated Resource Package 2006, British Columbia Ministry of Education.

[13] "SCIENCE GRADE 10", Integrated Resource Package 2008, British Columbia Ministry of Education.

[14] "Physics 11 and 12", Integrated Resource Package 2006, British Columbia Ministry of Education.

[15] "能力取向的新加坡中学科学教育改革"，潘苏东、代建军，《课程　教材　教法》，2006.

[16] "发现式课标拖垮小学数学"，沈乾若，《数学通报》，2017.

[17] "Math Focus", grade 3, 4, 5; Published by Nelson Education, WNCP authorized resource.

[18] "美国小学数学内容结构之批评"，马立平，《数学教育学报》，第 21 卷第 4 期，2012.

[19] "A Critique of the Structure of U.S. Elementary School Mathematics", Liping Ma, Notices of the American Mathematics Society, 2013.

[20] "Mathematics K to 7 (2007)", www.bced.gov.bc.ca.

[21] "New analysis of U.S. elementary school mathematics finds half century problematic 'strands' structure", Notice of American Mathematics Society, 2013.

自由选课制的利弊得失
—— 写在高考改革全面推行之际

沈乾若

摘要

  中国高考改革牵一发而动全身，为推行北美和西方的自由选课制开启了绿灯。西方实行自由选课的学分制，一方面使学生得以发展个人的潜能特长，实现人才培养的多样化；但另一方面，多数学生一直在利用选课自由避难趋易，不拿或少拿数理化课程。故学分制对于不同的学生群体效应是不同的。少数精英学生可以努力成才，大部分学生却未能获得应有的知识文化教养。即使美国少数精英高中强制学生修读多门理科课程，成效显著；亦难以扭转整体趋势。学分制实行百年的结果，北美理工科领域逐渐凋零，人才匮乏。作者呼吁切实了解学分制的实践结果和利弊得失，坚持中国自身实践多年的成功经验，并研究借鉴美国精英高中，扬长避短。万勿轻率照搬西方做法，蹈人覆辙。

一

  高考是中国基础教育的指挥棒。近年的高考改革，为高中实行自由选课的制度打通了道路，开启了绿灯。在基础教育的课程设置与选择方面，中国向何处去？西方自由选课的学分制优势何在，有无弊端？它将给我国教育带来什么结果？国内统一课程的学年制应该全盘放弃么，或者在其基础上融入学分制的优势？事关重大，有必要进行广泛深入的研究和讨论。

  国内传统的学业管理制度下，一个班的学生学习同样的课程，不及格须补考，考不过则留级。这种学年制弹性不足，对学业上下两端的学生照顾不够，学生缺少个性化发展和自我选择的机会。

  美国、加拿大以及西方中学的学分制则不同。学校提供很多课程，分为必修和选修两类。教育当局只规定必须修满的学分，由学生根据各自的兴趣爱好和需要来自由选课。资质优异的低年级学生选修高年级课程司空见惯；修课方式也比较灵活。在加拿大卑诗省，除课堂听课外，网络拿课或成人夜校亦可，甚至少数学生自学后参加考试也能够得到学分。

  学分制为学生提供了自由空间。升学类或就业类，成绩好的或成绩差的，可以各取所需；以发展个人的潜能与特长，实现人才培养的多样化。学分制已实行百余年，是西方中等教育区别于东方的一项基本制度。西方世界精英的成长和层出不穷的发明创造，学分制起了关键的作用。

然而，学分制并非万能灵药；它给西方带来的，也不全是成功的果实。

自由选课使班级设置不再可能。学生没有班级，也没有固定教室。像大学生一样，中学生背着书包到处跑。各年级只设一两个咨询教师，供学生咨询选课和其他事宜。我们过来人都有体会，班级制下，班主任的严格管理，集体生活的人生经历与体验，及同窗之间的友谊，对学生的学业和人格成长极为宝贵。班级的缺席，给学生的青少年时代带来的缺憾难以弥补 [1]。美加中学多年来采用全方位的学分制，管理松散，对于青少年教育及社会成员文化素质的影响，不可低估。大多数学生在学业上抓得不紧，达不到应有的知识文化水准。而且由于缺少严格管教，学生沾染不良习气也成为严重问题。

除走班制造成的管理松散外，另一方面，选课的过度自由使得学生得以避开数理化等较难的理科课程。学分制实行百年之后，美国和加拿大修读理工专业的学生比例奇低。譬如 2003 至 2004 学年，全美本科生仅 14% 在 STEM 领域学习，其中计算机科学 5%，工程技术 4%，生物学与农学 3%，理化和数学各不足 1% [2]。如今的美国等西方国家，理工人才匮乏，大众普遍欠缺数学和自然科学知识与素养。美国教育部在 2010 年发布的报告指出："美国是全球领导者。然而今天，我们的这一地位受到了挑战，美国已经落伍。"美国大学入学考试 ACT 公司也在其 2017 年的报告中说 [3]："美国确实是一个 STEM 匮乏的国家，尽管承认这一点很难堪。"

遗憾的是，只因年代久远，人们以为中学自由选课天经地义，至今尚未见到西方教育界对此项制度提出质疑。

二

以加拿大卑诗省为例，来看一看学分制下的高中毕业标准。学分自十年级算起，总数 80 分，每门课 4 学分，从语言文字、社会与人文、数学与科学、艺术或技术及体育五大领域的课程中计入。STEM 领域必修课程包括：十年级数学和科学，两门；十一年级或十二年级数学，一门；十一年级或十二年级物理、化学、生物六门课中选学至少一门。总计四门，16 学分，仅占 80 学分的区区五分之一。即使不拿十二年级理科课程，也能够毕业。

数学和科学各占 10%；理科，尤其物理和化学在基础教育中比重之低，由此可见一斑。这样的标准之下，除小部分好学上进的学生外，多数学生自然避难趋易，选学数理化的人数少得可怜。在卑诗省授课多年，笔者深知物理是学生最感困难的学科。力、热、声、光、电、狭义与广义相对论，……，何其庞大而深奥的一个知识体系？学生需要付出多么艰苦的努力，具备多强的分析思维能力，方能掌握这些知识？故数理化三科中，选修物理的人数又是最少的。估计注册十二年级物理的人数大致 15%，至多 20%。只有生物课获得青睐，因多含记忆类知识，难度较低。

再来看一看毕业与升学考核。卑诗省中学毕业原有全省统一考试，实行了一百余年，效果很好。但在 2004 年改为选考；2011 年取消了大部分学科，只留少数几科 [4][5]。至 2016 年，所有省考竟全部取消，改为数学和英文水平测试，而数学测试仅十年级程度。加拿大没有全国大学选拔考试。大学录取取决于中学选课情况和成绩单，以及申请文书。在不设统一考试的情况下，高校录取对学生学业水平的评估十分困难。

美国的情况，以纽约州为例。普通高中毕业文凭要求学生至少修满 22 学分，其中数学和科学必修各一门，共 6 学分，占 27.3%，仅比加拿大略高 [6]。

美国中学生选学数理的总体情况如下。中学里注册（而非通过）起码一门物理课学生的比例，1990 年仅 21%；由于 STEM 领域的大力投入，十年后方达到 36%；但至 2013 年，仍有 58.5% 的高中毕业生未曾接触过物理课 [7]。几代人下来，或因师资不够，或因选课人数过少，五分之二的高中竟然无法提供物理课 [8]。纽约某著名高中，由于请不到物理老师，只有不到百分之十的班级能够开物理课。数学方面，据 2013 年的统计，美国高中毕业生中注册了（非通过）代数 2 和三角的学生约 48%，不及一半 [7]。可见美国所谓"高中毕业"与传统的标准相距甚远。

申请美国大学，多年来均须提交美国大学入学考试 ACT 或者学术能力测试 SAT 的成绩。然而近年来，为了非裔和拉丁裔等弱势群体的入学，哈佛、加州大学洛杉矶、伯克利分校等将 SAT II 从必考改为选考；更有上千所学校不再强制要求 SAT 或者 ACT 的成绩 [9][10][11]。

另一方面众所周知，美国教育是分层的。各州均有少数以理工科为主的特殊高中，颁发高等毕业文凭。纽约州的高等文凭要求学生至少多修两门数学，一门科学；理科占比达 48.4%。与加拿大不同，不论何种文凭，学生均须通过州级统一考试。平均成绩在 90 分以上者，还可获颁荣誉高等文凭 [6]。可见虽然都为学分制，特殊高中及其颁发的高等文凭和普通高中文凭的要求完全不同。高等毕业文凭必修课比重很大，其中理科课程更占几乎一半。此即美国的基础精英教育：高标准，严要求。其选课自由仅仅体现在：第一，开设了多种选修课；第二，学生可以提前修课，中学里也能修读大学或预科课程；为资质优异的学生开辟了快车道。

优秀生源的选拔还有其他一些渠道：大学先修考试 AP 和国际文凭课程 IB，在英特尔国际科学与工程大奖赛、国际奥林匹克数学（或物理、化学）竞赛、西门子数学科技大赛、美国数学邀请赛中获奖等，可以为大学提供有价值的参考。

从以上介绍可知，美加课程的学分制及毕业升学非强制性的考核要求，对于不同的学生群体效应不同。少数重视教育家庭的后代和禀赋优异且自律的学生可以努力成材，但过度的自由使得大部分学生未能获得应有的知识文化教养。

尽管美国精英高中质量优异，每年为一流大学输送大批高才生；但由于仅占 10% 左右，他们的努力与成效未能扭转总体趋势。整体来说，美国和加拿大的高中毕业证书水分很大，切实达到高中水平的人数其实差得远。就行业而言，对理工科造成的冲击最为严重。不但进入该领域的人数占比低，而且之后在大学里又有三分之一以上的学生因修课困难而转到其他领域 [12]；毕业后能够从事科技工作的自然少得可怜，人才荒不可避免。美国大学理工科教授和研究生、科研人员中，相当比例是外来移民与留学生 [13]。美国自身的基础教育难以支撑其高等教育和科技发展；说它是由多个国家的基础教育所支撑的，也许较为符合实际。

三

中美之间概而言之，美国强在精英教育和顶尖人才，而中、低端的大众教育则相当薄弱。美国获诺贝尔奖人数世界第一；普通科技人才与技术工人却严重不足，使其制造业难以复苏。反观中国，改革开放以来的崛起，依赖的正是百十年扎实的教育所培养的各个层次的人才，世界上最大的一支科技与劳动大军。

回顾中国二十世纪二十年代，亦曾师从美国实行选课制，但仅十年便废止。此后中国在中学坚持学年制和班级制；尽管对于超常人才的成长有着这样那样的妨碍，却保证了大范围内基础教育的质量 [14][15]。

然而近年来国内盲目"与国际接轨"，高中实行选课制及"3＋3"高考改革，甫一实施即尝到了苦果。师资配备失调，中学教室设备很难应对多种课程选择；而且和美加一样，物理等科选学人数骤降；以及考生入学后成绩下降；等等。这些结果，对于切实了解西方教育的人们来说，本在预料之中。

二十世纪整整一百年，中国与美加之间的中等教育在课程要求上做法不同 [1]。中国与其他一些国家和地区统一课程，统一标准；凡高中毕业的学生，均须具备数学与各门科学学科的知识素养。这样做的前提是中等教育阶段的双轨制，即普通学业教育和职业技术教育分别由两类不同的教育机构承担。民国时期又称为普通中学、中等专业技术学校和中等师范学校"三足鼎立"。双轨制下学生分流的结果是，进入普通中学的学生水平比较整齐，以升学为目标。这就使得统一课程成为可能，而且各门课业均设置数年，循序渐进，扎扎实实奠定基础。

自二十世纪中期以来，加拿大与美国的中等教育实行单轨制；将学业与职业教育混在一起，称为综合中学。北美的中等教育机构绝大多数为综合中学；而低标准、低质量则为综合中学之痼疾，不可避免。为照顾不同类型的学生，综合中学提供多种内容、多个层次的课程，给学生自由选择的权力。为保证毕业率，毕业标准只能迁就差等生，取下线，要求很低。自由选课与综合中学捆绑在一起的结果，自二十世纪七八十年代起逐渐显现，那就是理工科领域一步步的衰落。笔者建议 [1]，加拿大和美国恢复双轨制，学业高中与职业技术学校并行，为严格的学业教育创造条件。

基础教育阶段的强制性课程要求，为的是保障学生建构完整而合理的知识结构，习得良好的科学文化素养，为大学深造做好准备。故科学合理并且严格地规划必修课，保证必修课的教学，是学校的主要任务。尤其在国内中职中专已将约一半的学生分流出去的情况下，普通高中更没有必要，也没有理由照搬北美综合中学的做法，来缩减统一课程，开办"课程超市"。但引入选修课，把部分选择权交给学生是必要的，也应给学生留下时间和空间来发展专长。

美国特殊精英高中与中国普通学业高中目标大体一致，其经验教训值得研究借鉴。必修课为主而选修课为辅，对必修课的严格要求和管理，包括统一考核的手段在内；既是美国精英高中的一项成功经验，也为中国自身多年的实践所证实，绝对不能轻易放弃。但美国学生课业负担之沉重，比国内学生有过之而无不及；需要找出原因，加以避免。

四

两千年来人类积累的博大精深的自然科学与技术知识，要靠教育一代代传承。理工科自不待言，非从小扎扎实实奠定基础不能成就人才。对文科学生虽然可以降低要求，但基础科学知识和科学思维的方法对社会及人文学科也是需要的，对某些学科甚至是关键性的。西方在这个问题上步步退让，令理工科逐渐萎缩。直到危机来袭方才悔悟，回过头来强调 STEM 教育；却已积重难返，回天乏力。

笔者赞成现时倡导的通才教育。较强的语言文字表达能力，历史和社会知识，基本数学推理和运算技能，以及科学技术知识等，是每个知识分子都应当具备的。既然高中文理分科都因违背通才教育宗旨而在取消之列，那么为学生提供极为自由的课程选择又是为什么呢？是促进通才教育，还是反其道而行之？

　　不同的学科应当具备哪些必要的知识，只有高层次的专家学者有能力做出判断。学生和家长一般了解不够，很难做出合适的选择。那么将个人选择性当作教育的一个终极价值观道理何在？将选择性放在第一位而妨碍教育的基本功能，乃轻重不分，本末倒置。

　　教育的目的，既为满足个体的需要，也为社会整体的生存和发展。当今风行的重视前者而轻忽后者的思潮，是极为严重的偏差。选择应该是双向的。一方面是学生个人的选择；另一方面是国家和社会从全局出发，为形成科学合理的人才配置，为持续发展所作的选择。个人选择难以避免盲目跟风、避难趋易和金钱至上。北美以自由选课制为起点的一系列制度与标准，将个人选择摆在不适当的高位，留给国家与社会的选择空间过小，造成今日理工人才匮乏的局面。国内若邯郸学步，盲目照搬，则中国科技人才的断层亦将不可避免。

　　过度缩减统一课程及过分自由的课程和高考科目选择，既导致学生知识结构的欠缺，也纵容一些学生放弃努力，投机取巧。这部分不合格的学生，在西方大学通过宽进严出的制度而被淘汰。但在国内目前缺少淘汰机制的情况下，必然造成高等教育资源的浪费及高等教育的平庸化。

　　高考改革牵一发而动全身。要想学习借鉴西方的选课制、学分制及一系列毕业升学制度，首先须了解其实践结果和利弊得失，方能取其精华，弃其糟粕。亦应坚持中国自身实践多年的正确做法与成功经验。否则只恐事与愿违，将国家民族的前途置于险境。

参考文献

[1] "北美的综合中学和学分制成功么？"，沈乾若，世界比较教育大会第 16 届会议，2016.

[2] "Students Who Study Science, Technology, Engineering, and Mathematics (STEM) in Post-secondary Education"，Xianglei Chen, Thomas Weko, U.S. Department of Education NCES 2009-161, National Center for Education Statistics, 2009.

[3] "Stem Education in the U.S.: Where We Are and What We Can Do | 2017"，ACT Report.

[4] "遏止卑诗省教育质量下降恢复 12 级省试乃当务之急"，加拿大博雅教育学会研究报告 [1]，2012.

[5] "Restoring Grade 12 Provincial Examinations and Stopping the Decline of BC's Education"，EQSC Report [1]，2012.

[6] "美国公立基础教育系统培养精英的途径"，张洁，第一届融汇中西教育论坛，2019.

[7] Report-S & E Indicators 2018_ NSF-National Science Foundation.

[8] "2 in 5 High Schools Don't Offer Physics, Analysis Finds"，Education Week, 2019.

[9] "The Slow, Steady Erosion of SAT Subject Tests", Scott Jaschik, Inside Higher Ed, 2017.

[10] "Colleges That Don't Require the SAT or ACT", Kali Slaymaker, College Raptor, 2018.

[11] "SAT Subject Tests See Steep Decline in Participation", Catherine Gewertz, Education Week, 2016.

[12] "Beginning College Students Who Change Their Majors Within 3 Years of Enrollment", DATA POINT, NCES 2018–434, U.S. Department of Education, 2017.

[13] "STEM Index Shows America Will Have to Depend on Foreign Workers to Fill STEM Jobs", The U.S. News/Raytheon, 2016.

[14] "20 世纪 20 年代中学学分制的历史考察", 付文珍,《考试周刊》, 2012 年 63 期.

[15] "走进我国高中学分制历史的深处——解放前高中学分制的历史回顾与反思", 王海仔, 江西教育学院教育系, http://blog.sina.com.cn/ksgl, 2007.

[16] "六十年亲历之中西教育", 沈乾若, 百度文库, 2016.

鸣谢：本文的写作得到张洁、潘力、黄戴老师等人提供的大量信息和参考意见, 仅此致以诚挚的感谢。

智慧教育与教育智慧

—— 兼谈信息技术对数学教育的影响

王鹏远

王鹏远，北大附中退休数学教师。

问题的提出

近一段时间，"智慧教育"成了一个热词。

中共中央办公厅、国务院办公厅印发的《加快推进教育现代化实施方案（2018—2022）》在大力推进教育信息化中有这样一段话："加快推进智慧教育的创新发展，设立智慧教育实验示范区，开展国家虚拟仿真实验教学项目等建设，实施人工智能助推教师队伍建设行动。"

注意到文中要"加快推进智慧教育的创新发展"的新提法，"不仅是推进，而且是加快推进"，因此首先有必要搞清什么是智慧教育？

对"智慧教育"，信息技术专家如是说：

"智慧教育即教育信息化，是指在教育领域（教育管理、教育教学和教育科研）全面深入地运用现代信息技术来促进教育改革与发展的过程。其技术特点是数字化、网络化、智能化和多媒体化，基本特征是开放、共享、交互、协作。以教育信息化促进教育现代化，用信息技术改变传统模式。

照这样解读，智慧教育就等同于教育信息化。在一篇"深度解读智慧教育"的文中，专家在倡导智慧教育的同时，问道：难道还有愚笨教育吗？回答是：有。无论过去和现在，国内外教育实践中都存在诸多愚笨教育现象。

我们承认的确存在着愚笨教育的现象，如"题海战术"就是造成学生负担过重的事倍功半的教育，其实当前现实教育实践中事倍功半教育的现象并不少见，这正是需要我们深入研究并急需加以改进的。但造成愚笨教育的原因是否都归结为没有使用信息技术所致？反之，使用了信息技术是否就自然成就了智慧教育？如此解读智慧教育显然夸大了技术的作用而忽视了教师的因素。所以我们在思考智慧教育的同时有必要思考智慧教师的概念即人的因素。

以下就智慧教育、教育智慧与智慧教师谈些看法，同时不可避免地要涉及信息技术的作用，本文把话题更多局限于数学学科教学，以便把问题讨论得更加具体深入一些。

智慧教育的追本溯源

智慧教育的概念是由美国引进的。2008 年，IBM 的首席执行官所作的报告《智慧地球：下一代的领导议题》首次提出智慧星球的概念。"智慧地球"思想渗透到不同领域，不断催生如"智慧城市""智慧医疗""智慧交通""智慧水资源""智慧电网""智慧教育"等概念，这些都是随着技术的飞速发展催生出的崭新概念。2009 年美国中西部艾奥瓦州的杜布克市与 IBM 共同宣布建设美国第一个"智慧城市"。当前"智慧城市""智慧交通""智慧电网"已经在我国有了一些试点。首批国家智慧城市试点就有 90 个（包括北京市东城区、朝阳区、北京市丽泽商业区、北京未来科技城）。但"智慧教育"即使在提出这个概念的美国也还没有开始试点。看来城市、医疗、交通、电网可以通过大数据、云计算、人工智能等技术实现智慧管理与服务，而教育与城市、医疗、交通、电网比较起来情况更加复杂，不能渴望简单地通过大数据、云计算、网络和人工智能等新技术手段解决教育的所有问题。

智慧教育的倡导者强调通过网络、大数据、云计算等技术手段改变传统教学模式，为每一位学生提供线上的及时测试和评价，以及他所需要的恰当的教育资源，实现"一对一"的精准教学。这当然是美好的理想，但在当前显然是不符合实际的，可以预见班级授课的形式在今后很长一段时间内将仍然存在。即使大力推进"三通、两平台"的建设，我国当下也还不具备在课堂教学的环境下每人一台电脑的网络环境，也不可能要求所有的学生都能有手持设备上网，所以大数据、云计算在课堂教学的应用就很难谈起。

现在最热门的莫过于人工智能在教育的应用了，其效果又如何呢？一个极端的例子是"作业帮""答案网""作业神器"一类的智能教育软件和教育机器人。在"作业帮"的主要功能介绍"拍照搜题"一栏写道：学生通过拍照的方式，将问题发送到"作业帮"，由作业帮给出详尽的解答过程和解题思路。拍照搜题省去了繁杂的输入成本让整个沟通更快捷、更高效。"作业帮"利用强大的图像识别技术，可以为用户迅速精准匹配搜索的问题。当学生拍照上传了需要解答的题目后，系统会立即针对题目在题库中进行搜索匹配，第一时间将详尽的解题过程反馈给用户，基本就可达到"秒回"的程度。"作业帮"目前拥有 1.3 亿题库，均已经过名校名师的校验和修改，确保每个答案都是解题的"最佳方案"。

从技术层面看，"作业帮"可谓相当智能了，确实用到了一些先进技术，如图形识别、题库编码、快速检索，显得神通广大，相当"智慧"了，但能否转化为学生的智慧成为一个问题。从教育层面看，人们不免有些担心：会不会使得学生懒得想了，不动脑子就可借助这类软件或网站提供的资源抄写作业？看来技术真是个双刃剑，人工智能进入教育，或可削弱学生的独立思考！

最近有篇报道，开学前夕，一位家长发现她的女儿仅用两天就完成了假期布置的所有语文抄写作业，家长感到奇怪，整理孩子房间时发现了"抄写神器"，即一款"写字机器人"，其说明书上写着"可以模仿各种笔迹抄写文字"。这一下家长怒了，摔碎了机器人。可见人工智能用得不好会助长学生偷懒的坏习惯。

把网络、大数据，人工智能放在一边，说说现在普遍使用的 PPT 吧，其实这里也有一个有效使用的问题，实践证明有时使用 PPT 反倒不如传统黑板板书的教学效果好，正确使用 PPT 也是门学问。对于数学教学，动态教学软件倒是比较能满足数学学科的教学需求，不过也要使用得当。

综上，解读所谓"智慧教育"应更多从学科教育和教师的角度去分析，而不能限于考虑先进技术。对于技术的进步，还应该考虑"教育智慧"和"智慧教师"的概念。我们当然需要用极大的热情去关注和研究技术的最新进展，但更要用审慎的态度思考在教育中的有效应用，这就是我们与一些片面强调技术作用的专家的分歧。不妨从反面思考，没有使用信息技术（例如在现代信息技术出现以前）的教育都不是智慧教育而是愚蠢教育吗？那么如何评价以前的那些名师呢？北京大学原校长丁石孙教授是当代杰出的教育家，他的讲课在北大数学系是享有盛誉的，现已故去的特级数学教师孙维刚的教学效果是突出的，在中学数学界也曾经享有盛誉，他们那时都不曾使用信息技术，但他们的教学显然是"智慧"的，这样的教师是"智慧教师"，学生受教于智慧教师，会受益终生。

其实，不管用什么方法手段，只要能激发学生学习兴趣，能循循善诱地因势利导，能启发学生的积极思考，化解教学的难点，有助于提高学生的能力的教育都应该视为"智慧"的。教育是一门高超的艺术，高质量的教育呼唤教育智慧。我们在关注技术进步的同时，更要关注教师，提高教师的学科素养，提高他们教学的基本功（其中包括合理使用现代信息技术）。

教育智慧与智慧教师

智慧教育与教育智慧仅仅颠倒了次序，意义却不尽相同。"智慧"一词经常出现在人们的语汇中，与信息技术没有必然的关联（如某古代建筑显示出了我们祖先的智慧）。教育智慧则体现在教育的理念和方法中，与现代信息技术没有直接的关联。教育智慧关注学生的终生发展，关注启发学生的独立思考和不断创新，关注教给学生科学的学习方法，调动学生的主动积极参与；教育智慧反映在教师科学巧妙的教学设计，机智灵活的教学方法，引人入胜的课堂教学。而专家解读的智慧教育却是紧紧捆绑在现代信息技术之中。

专家对智慧教育的解读突出了"用信息技术改变传统模式"。但实际上，教学是灵活的，教学模式、教学风格可以百花齐放，不拘一格。把传统模式一概视为灌输式继而标榜要破旧立新并不符合实际。

在教学中最经常要考虑的是两件事，一是教什么，二是怎样教。两者比较起来，前者更加重要。所以，智慧教育的前提是有智慧的教材。打一个通俗的比喻。一个好的电视剧、一部好的电影，最重要的是首先要有好的剧本（脚本），内容新颖、剧情曲折、吸引人心、扣人心弦。数学教学也是一样，不管采取什么方式教学，内容的选择和呈现方式是第一位的。当然，数学教学内容的选择和编排要与时俱进，适应技术的进步和社会的发展。

教材建设不是网络、大数据、云计算、人工智能能够完全解决的问题。好的数学教材要考虑到科学性与可读性的统一，既要突出数学本质，又要便于学生学习，既是教材，又是学材。数学教育的历次改革都是围绕教材改革进行的，如 20 世纪初对欧氏几何的改造、函数内容的进入，20 世纪 60 年代的"新数学"运动。我国从 2001 年开始的课改先是把"几何"改为"空间和图形"，后又为几何正名（2011 年），改为"图形和几何"。高中数学课程加入了"微积分初步""统计和概率""向量"等内容。

备课是教师的基本功。要成为智慧教师，首先需要关注数学学科本身。要充分钻研教材和掌握教材，要深入教材之中，又要立于教材之上，通盘把握知识的内在联系，在此基础上才谈得上对教材融会贯通和驾驭教材。对于数学教师而言，不仅是教知识和技巧，更重要的是教数学思想，这也是智慧教师与普通教师的区别。

此外，教师必须换位思考。关注学生在学习过程中的状态，学生是怎么思考的？从这一步到下一步推理，是否跟得上？在解决问题的过程中，学生在哪些环节容易卡壳，学生的具体困难是什么，又如何帮助他们克服学习进程中的一个个困难，怎么启发他们提出问题，鼓励他们发表和表述自己的见解？在课堂教学中智慧教师不是按照一定的程式刻板地进行教学，他们善于观察，会及时捕捉学生的信息反馈并加以分析，这样才能随机应变，因势利导，循循善诱，灵活改变教学策略。他们会按照脑科学提供的学习科学的原理合理地设计教学活动，他们的教学语言简练而生动，他们善于创设浓郁活泼的课堂气氛与学生交流。这些都与信息技术没有直接的关系。

那么智慧教师就不必关心信息技术的影响了吗？当然不是。处在技术迅猛发展的工业 4.0 智能化时代的今天，教师当然要思考技术对教育的影响，从学科教学的角度出发，思考如何借助现代信息技术改进教学。下面以数学教师为例，谈谈智慧教师的信息素养与掌握相应信息技术的能力。

信息技术助力数学教师

1. 关注动态数学软件技术对数学教学的影响

当今人工智能的迅猛发展引起了世人的关注，但人们对于人工智能目前发展的实际水平存在一些误解。中科院唐铁牛院士的文章对此讲得很清楚，他认为从可应用性看，人工智能可分为专用人工智能和通用人工智能。所谓专用人工智能面向特定任务（如下围棋、图像识别），任务单一、需求明确。当前专用人工智能的确取得了重大突破，而通用人工智能尚处于起步阶段，这方面的研究与应用仍然任重而道远。国外的人工智能专家大多也持相同观点。所以对于数学教师，更应关注当前对数学教育影响最大的专用智能成果，这些技术便于操作，并能尽快用于教学实践。

动态数学软件当属专用智能软件，它是专为数学的教学开发的专业学科教学平台。例如，Mathematica 是有近三十年历史的专业性大型数学软件，其计算与绘图功能极为丰富强大，多年来已经在大学数学教学中被广泛使用。现在已在国内中学使用的动态数学软件主要有两种，即"几何画板"和"超级画板"。几何画板是 20 世纪 80 年代在美国国家科学基金支持下推出的世界上第一个动态几何软件。20 世纪 90 年代几何画板中文版开始在大陆推广，受到不少数学和物理教师的喜爱。我国张景中院士主持的团队在 1996 年研发推出了具有我国自主知识产权的动态几何软件，经二十多年的发展改进，形成了"超级画板"，最近又发展成"网络画板"。

"超级画板"吸收借鉴了几何画板的主要优点，增加了符号计算、智能画笔、公式表示、几何推理以及编程环境等支持基础数学教学的功能，其特征从动态几何发展到了动态数学，更为易学好用。国外的 Geogebra、Cabri 3D 等也都属于动态数学软件，它们共同的基本特点是所构造的对象具有动态性，在鼠标拖动或参数驱动时能在保持预设关系的条件下运动变化，因而有很强的交互性；这类软件适用于教与学的多个环节，且特别支持探究性学习，因而受到教育领域人士的广泛好评。

这类软件的出现对数学教学内容和教学方法产生了深刻的影响。在这类软件的支持下，数学可以变得更加有趣和容易理解，还可以支持更多的数学探究活动，提高学生的动手实践能力和创新意识。

看几个例子。

例 1　初三《圆》的教学。先看教科书的编排。

现在需要反思的是对初三学生，课本上的六个图片能否激发他们进一步

24.1.1　圆

圆是常见的图形,生活中的许多物体都给我们以圆的形象(图24.1-1).

图24.1-1

我们在小学已经对圆有了初步认识.如图24.1-2.观察画圆的过程,你能说出圆是如何画出来的吗?

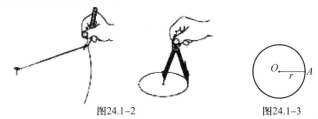

图24.1-2　　　　　　　　　　图24.1-3

如图24.1-3.在一个平面内,线段OA绕它固定的一个端点O旋转一周.另一个端点A所形成的图形叫做圆(circle),其固定的端点O叫做圆心(center of a circle).线段OA叫做半径(radius).

学习《圆》的兴趣,是否能唤起他们的好奇心和提出问题的意识?

深究起来,课本给出的那些图片从数学抽象的角度看没有太多思考价值,井盖和月亮给出的是圆盘的形象,摩天轮、车轮、呼啦圈给出的至多是圆环的形象,同时随着时代的变迁呼啦圈并不为学生所熟悉。数学抽象出的"圆"虽然来源于生活,但却不等同于现实生活中这些所谓的"圆"。

也许下面动态数学给出的例子会有些新鲜感,更能激发学生的兴趣与好奇心。

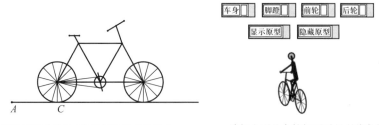

用鼠标拖动C点可使自行车沿直线运动　　　　选择上面几个按钮可以呈现骑自行车的场景

上面的课件隐含了圆与直线的相切、圆与圆的相切。下面的课件选择动画按钮,六个圆将围绕它们中间的那个圆旋转,这个动画必将使学生感到神奇,一下子抓住了学生的眼球,为后续教学埋下伏笔。

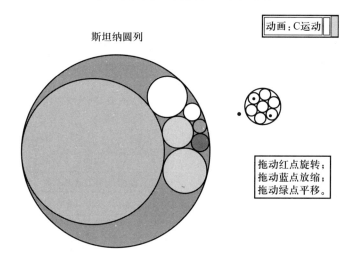

这个例子说明,原来的纸质教材在动态数学软件的支持下可以发展成散发时代信息的立体化教材。

再看一个例子:引入函数概念的动态数学软件"纸盒的容积"。

例 2　下面是一个从生活实际引入函数的例子:纸盒的容积何时最大?

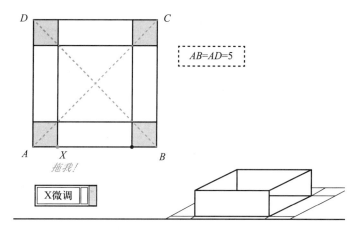

把一个 5 厘米见方的正方形纸片剪去四角后折成一个纸盒,使纸盒的容积最大,剪去的小正方形的边长该是多少?

在下面的动态数学的课件中用鼠标拖动点 X,四角小正方形的边长发生变化,右边的纸盒同时发生变化。这个动态的数学课件生动地把变化与对应呈现在学生眼前。

课件中有多个按钮,可以根据教学需要打开相应的按钮,例如下图动态地呈现出相应的数据:四角正方形的边长与对应的纸盒容积。

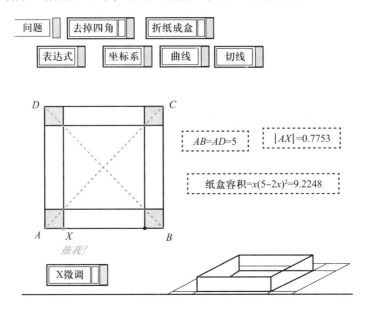

数学有用、数学有趣,尽在不言中。抽象的函数以这样的方式与学生见面了,对照课本的例子,这个动态课件显得更加生动而深刻!

例 3 让数据说话——研究函数性质的新方法。

传统教学研究函数性质一般通过"列表""描点""连线"先画出图像,然后从观察图像的走势得出函数性质。在过去没有计算机的情况下由于计算繁复,只好选择求值列表,画出少许的点,再凭感觉连线画图像。现在有了动态数学,让数据说话可以成为研究函数性质更直接的重要方法,要知道快速计算是计算机的拿手好戏。

看下面的例子,研究函数 $y = \frac{400x}{x^2+100}$ 的单调性。

我们从 -3 到 3 取了 10 个值,然后列表、描点、连线,得到函数图像的略图如下。根据已经画出的图像可能认为函数在整个定义域是递增的,但其实这个结论是错误的。

让我们通过计算进行深入的研究。通过拖动变量尺的滑钮可以观察函数变化过程中的一系列数据,我们发现在 $[-10,10]$ 这个区间,函数确实是递增的,但当自变量的范围扩大,当 x 大于 10 时函数就递减了,下图给出的其中的两组数据很能说明问题,拖动变量尺的滑块还可以看到函数连续变化的情况。

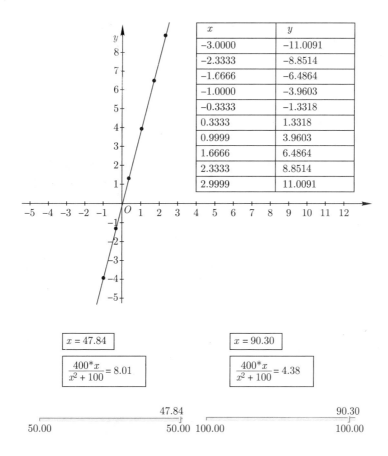

x	y
−3.0000	−11.0091
−2.3333	−8.8514
−1.6666	−6.4864
−1.0000	−3.9603
−0.3333	−1.3318
0.3333	1.3318
0.9999	3.9603
1.6666	6.4864
2.3333	8.8514
2.9999	11.0091

$x = 47.84$

$$\frac{400 * x}{x^2 + 100} = 8.01$$

$x = 90.30$

$$\frac{400 * x}{x^2 + 100} = 4.38$$

为什么会出现前面的误判呢？原因是借助传统手段画图使我们犯了以偏概全的错误，其实前面画出的图像仅仅是整个图像的一小部分（对比下面两个图）!

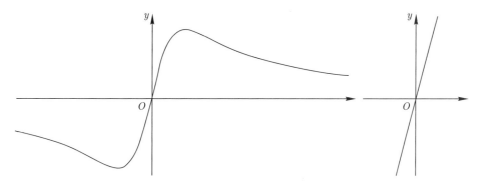

于是问题来了，对于二次函数我们也是取了 −3 到 3 中的几组数据，而后列表、描点、连线画出图像，是否也会出现"以偏概全"的误判呢？当 x 从 0 增加到 $20, 50, 100, \cdots$，情况怎么样？画图不行了，但借助动态数学观察大数据不单可行，且轻而易举。当然，依靠大数据可以支持得到的猜想，最后还需要补充逻辑证明。

下面的图示给出了研究函数性质的新思路，即不单纯依靠传统"列表、描点、连线"画图的方法探讨函数性质，有时可以借助分析函数解析式的特点，或借助动态数学提供的动态计算得出的大数据获得函数性质的有关信息。

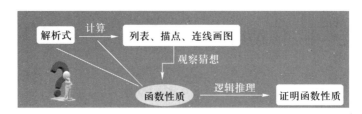

我们设想，如果把动态数学课件与纸质的教科书的相关内容配套，形成一系列立体化的教学资源，必将大大改善数学教学的面貌。如果能借助于网络呈现与教学同步的立体化教学资源，应该有助于优质教育资源的共享，解决教育资源配置不平衡的问题。

例 4 指数函数与其反函数图像交点个数的讨论。

一般认为指数函数与其反函数图像仅在底数 $a < 1$ 时有交点，且只有一个在一、三象限上的角平分线上，在底数大于 1 时，两个函数图像没有交点（下图左显示 $a > 1$ 的情况，两图像没有交点；下图右显示 $a < 1$ 的情况。）

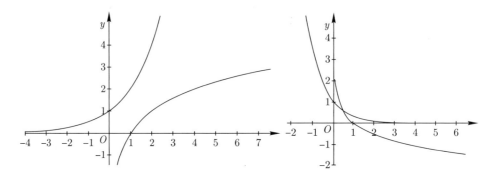

利用动态数学软件，借鼠标拖动变量尺的滑块，我们可以观察到更多的场景。例如底数大于 1 时，有以下两种情况，也就是说图像可能有两个交点，也可能有一个交点。

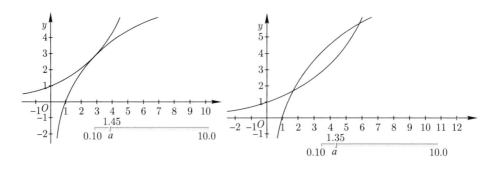

底数小于 1 大于 0 时，函数的图像是怎样的呢？看下图：即可能有一个交点，可能有三个交点。

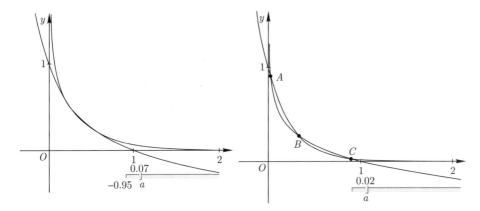

这里我们看到了技术的影响，利用传统手段只能从画出的几个"静"图观察，不可能观察上面显示的多种情况。

在当 a 接近 0.066 时，从图像几乎看不出有多少交点。这时换个方式，做出这两个函数之差的 k 倍的图像（如下图），让 k 增大，观察这个图像与 x 轴交点的个数 (不妨取 a 从 0.052 逐渐接近 0.066，而让 k 从 256 逐次扩大 2 倍，观察这个图像与 x 轴的交点变化的过程)。这个实验使得问题的解答变得非常直观。

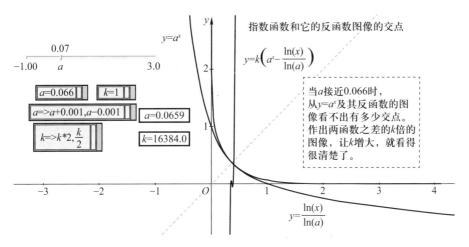

看来，动态数学可以提供研究函数的"放大镜"，从细微处研究函数的性质，而如何设计数学实验需要创新思考，需要"教育智慧"。

上述实验仅仅是帮助人们发现数学现象，下一步则是由实验受到启发，离开计算机通过逻辑计算深入探讨底数对交点个数的影响，我们这里略去这个过程，只给出下表所示的探讨结果。

参数的变化对这两个函数交点个数的影响

a 的取值范围	$a > e^{\frac{1}{e}}$	$a = e^{\frac{1}{e}}$	$1 < a < e^{\frac{1}{e}}$	$e^{-e} \leqslant a < 1$	$0 < a < e^{-e}$
图像交点的个数	没有公共点	一个交点	两个交点	一个交点	三个交点

这个例子说明动态数学为数学实验、数学探究提供了理想的实验室，我们可以借此组织丰富多彩的数学探究活动。数学教学不能局限于做题，更应部分还原数学发现探究的过程，活跃学生的思考，丰富学生的数学活动经验。

2. 关于"互联网 + 教育"的实施

李克强总理的政府工作报告中提出：下一阶段要发展"互联网 + 教育"，促进优质资源共享。我国是教育人口大国，发展极不平衡，教育资源的匮乏是制约经济发展的瓶颈，教育的滞后无疑妨碍了我国经济的高质量发展与转型升级。因此，发展"互联网 + 教育"目的在于呼唤高质量的教育，落实总理报告提出的任务是紧迫的。

我国实施的"三通、两平台"为这一任务的实施提供了物质保证，下一步是如何发挥网络在教育中的优势，这需要有明确的思路和具体的措施。关于网络在深化教育改革中的作用现在有不同的认识，是借助网络改变教学模式，还是促进优质资源共享？我们的意见倾向于后者，而促进优质资源共享的重点则是借助网络大力开展有效的教师培训，培养合格优秀的智慧教师。

我们认为教育资源的匮乏最重要的表现为合格优秀师资的匮乏，提高教育质量的关键在于提高教师的教育教学能力，因此"互联网 + 教育"的重点应放在开展有效的教师培训上，这比起改变教学模式更为现实。借助网络可以进行教学设计的交流与点评，异地的课堂观摩与教学研讨，培训内容可以包括学科教学重点内容的解读和难点的分析，教学方法的研讨，学习科学的普及，合理使用现代信息技术的培训。培训方式可以是文字和语音的答疑，也可以是微课、慕课和课件展示。实践表明，深入学科教学的教师培训更接近教师当前的教学实际，对接他们的需求，因而受到广大教师的欢迎。

下面以北京大学继续教育学院 2017 年承接的教育部《初中数学教师信息技术应用能力培训课程》为例对此加以说明，请看部分教师对试用这套资源的反馈。

北京昌平庞宏艳老师：

我的感受是：该课程紧扣住教师的专业需求，内容丰富，理论与实际相结合，案例翔实、具体、经典，紧密结合课堂教学；课程内容针对性强，直面当前数学教学中的重点、热点和难点，与老师们讨论如何借助技术为数学课程改革注入强劲的活力；课程内容可操作性强，便于老师学习，对指导教师的日常教学非常有帮助。

北京二中王苗老师：

我觉得本课程资源的最大特点是内容丰富而且具体。所涉及的问题大多都是我们一线教师需要提高的方面。比如很具体地分析了当下的时代背景，讲解了如何运用技术优化课堂。并且有示范、有点评。我们看到的是鲜活的例子。有宏观上的，也有具体的。可模仿、可借鉴性强。利于学习者在学习后实践于自己的课堂。

宝鸡张军会老师：

第二个模块"对数学教学影响最大的技术——数学教育技术"从数学学科的特点和需求出发，介绍了对数学教学最实用的技术——数学教育技术，以丰富的案例说明动态几何的教育价值，课堂现场演示的丰富教学案例贴近教师的日常教学，使自己真切地感受到信息技术密切结合数学学科的特点、需求及信息技术与数学学科的深度融合的威力！同时把"超级画板"的免费版本送到教师手里，这是自己最急需的实惠！

第三个模块"信息技术在数学教学一些领域中的应用"针对初中数学教学的重点也是难点函数等内容，借助信息技术给我们函数教学提供了的新思路。太棒了！

第四个模块"信息技术与数学课堂教学"这部分紧扣数学教学的概念教学、习题教学和复习课等最常见的课型，新理论与课堂教学丰富案例讲解，在听讲座的同时，自己的课堂反复浮现眼前，使自己真切地感受到了面对00后、10后孩子的时候，该怎么才能激趣，课堂怎样才能成为更为有效、高效的课堂！

第五个模块"信息技术与数学教学改革"正如导读所说："在数学教育中渗透素质教育，这是当前数学课程改革大家关注的话题。创新意识的培养、数学实验、数学文化都与此有关，又是容易被忽略的内容。是当前教学的短板，是一些教师所忽略的。"对自己来说这绝对是最接地气的及时雨！

西藏赵学清老师：

让我最感兴趣的是课程视频和课程导学模块，因为和我们一线教师息息相关，我们偏远地区的教师参加这样的培训学习也少，所以每个视频都很认真地学习和倾听，还把视频下载下来与更多老师分享。其实我们这里的老师还是很愿意接触新事物和新的教学理念的。但是每年出去培训的老师少之又少，一线的骨干教师学校又不愿意放出去，教学压力大让很多教师想学但没有机会和时间，这次的课程视频和课程导学模块真的帮我们解决了实际问题，让一线教师或坐班或利用在家的时间就可以摸索学习。

自己带初一，正好讲到有理数的加减运算，这个知识点是基础也是重中之重，因为学生基础差，小学数学是藏文教学，现在刚到初中很难适应，教了快一周，班里还有十几个学生不会。我想，刚到初一不能就这么把他们放弃了，听完微课学习后自己就动手做了有关这个知识点的一节微课，让学生来学习，听懂的学生自己做题巩固，不懂的学生多听几边，感觉效果不错，一节课下来不会的学生几乎全会了，前面已经会的学生也有时间拓深练习不至于又浪费一节课，真正做到了分层教学。

本课程作为初中数学教师网络培训资源有自主教学模式，不需要集中面对面上课，也不占用工作时间，老师能够根据自己的时间自主制订学习计划和安排学习进度。还聘请了经验丰富的优秀教师多人，担任多媒体课件制作教师、主讲教师、辅导教师，很大地满足了我们的教学需要。

以前的教学模式很单一很传统，就是黑板粉笔，自己在那里天花乱坠地讲，老师很累，学生吸收的却很少，其实我们学校是有这些现代的教学设备的，因为不会和懒惰而把这些设备当成空气，学习这些课程后才意识到自己很危险了，才三十多岁就不思进取不尝试新的教学模式，那想想余生的教学生涯觉得好可怕，往后要把新的教学模式慢慢融入我的教学当中去，成为自己教学的利剑。

我们手边还有更多"网络 + 教育"成功的案例，限于篇幅，本文就不再一一列举了，以上教师的反馈信息应该足以显示"网络 + 教育"的作用。

看来发展"网络 + 教育"不能停留在理念的探讨和名词的解读，"网络 + 教育"需要接地气，需要结合学科教学，需要智慧的设计和具体的措施。

也许"智慧教育"是从"智慧地球"套用过来的概念，是紧随技术的最新发展催生出的新理念，属于"未来教育"的范畴吧。但"未来教育"必须从当前教育走过去，不能凭空跨越，需要从教育的角度出发，智慧地考虑技术在教育中的有效应用。高质量的教育必须由一大批智慧教师去实现，单凭技术是不行的，还是先从培养智慧教师做起吧！

科学素养丛书

书号	书名	著译者
9787040295849	数学与人文	丘成桐 等 主编，姚恩瑜 副主编
9787040296235	传奇数学家华罗庚	丘成桐 等 主编，冯克勤 副主编
9787040314908	陈省身与几何学的发展	丘成桐 等 主编，王善平 副主编
9787040322866	女性与数学	丘成桐 等 主编，李文林 副主编
9787040322859	数学与教育	丘成桐 等 主编，张英伯 副主编
9787040345346	数学无处不在	丘成桐 等 主编，李方 副主编
9787040341492	魅力数学	丘成桐 等 主编，李文林 副主编
9787040343045	数学与求学	丘成桐 等 主编，张英伯 副主编
9787040351514	回望数学	丘成桐 等 主编，李方 副主编
9787040380354	数学前沿	丘成桐 等 主编，曲安京 副主编
9787040382303	好的数学	丘成桐 等 主编，曲安京 副主编
9787040294842	百年数学	丘成桐 等 主编，李文林 副主编
9787040391305	数学与对称	丘成桐 等 主编，王善平 副主编
9787040412215	数学与科学	丘成桐 等 主编，张顺燕 副主编
9787040412222	与数学大师面对面	丘成桐 等 主编，徐浩 副主编
9787040422429	数学与生活	丘成桐 等 主编，徐浩 副主编
9787040428124	数学的艺术	丘成桐 等 主编，李方 副主编
9787040428315	数学的应用	丘成桐 等 主编，姚恩瑜 副主编
9787040453652	丘成桐的数学人生	丘成桐 等 主编，徐浩 副主编
9787040449969	数学的教与学	丘成桐 等 主编，张英伯 副主编
9787040465051	数学百草园	丘成桐 等 主编，杨静 副主编
9787040487374	数学竞赛和数学研究	丘成桐 等 主编，熊斌 副主编
9787040495171	数学群星璀璨	丘成桐 等 主编，王善平 副主编
9787040497441	改革开放前后的中外数学交流	丘成桐 等 主编，李方 副主编
9787040504613	百年广义相对论	丘成桐 等 主编，刘润球 副主编
9787040507133	霍金与黑洞探索	丘成桐 等 主编，王善平 副主编
9787040514469	卡拉比与丘成桐	丘成桐 等 主编，王善平 副主编
9787040521542	数学游戏和数学谜题	丘成桐 等 主编，李建华 副主编
9787040523409	数学飞鸟	丘成桐 等 主编，王善平 副主编
9787040529081	数学随想	丘成桐 等 主编，王善平 副主编
9787040558067	数学与物理	丘成桐 等 主编，王善平 副主编
9787040565638	中外数学教育纵横谈	丘成桐 等 主编，张英伯 张顺燕 副主编
9787040351675	Klein 数学讲座	F. 克莱因 著，陈光还 译，徐佩 校
9787040351828	Littlewood 数学随笔集	J. E. 李特尔伍德 著，李培廉 译
9787040339956	直观几何（上册）	D. 希尔伯特 等著，王联芳 译，江泽涵 校

书号	书名	著译者
9787040339949	直观几何（下册）	D. 希尔伯特 等著，王联芳、齐民友译
9787040367591	惠更斯与巴罗，牛顿与胡克 —— 数学分析与突变理论的起步，从渐伸线到准晶体	B. И. 阿诺尔德 著，李培廉 译
9787040351750	生命 艺术 几何	M. 吉卡著，盛立人 译
9787040378207	关于概率的哲学随笔	P. S. 拉普拉斯著，龚光鲁、钱敏平 译
9787040393606	代数基本概念	I. R. 沙法列维奇 著，李福安 译
9787040416756	圆与球	W. 布拉施克著，苏步青 译
9787040432374	数学的世界 I	J. R. 纽曼 编，王善平 李璐 译
9787040446401	数学的世界 II	J. R. 纽曼 编，李文林 等译
9787040436990	数学的世界 III	J. R. 纽曼 编，王耀东 等译
9787040498011	数学的世界 IV	J. R. 纽曼 编，王作勤 陈光还 译
9787040493641	数学的世界 V	J. R. 纽曼 编，李培廉 译
9787040499698	数学的世界 VI	J. R. 纽曼 编，涂泓 译 冯承天 译校
9787040450705	对称的观念在 19 世纪的演变：Klein 和 Lie	I. M. 亚格洛姆 著，赵振江 译
9787040454949	泛函分析史	J. 迪厄多内 著，曲安京、李亚亚 等译
9787040467468	Milnor 眼中的数学和数学家	J. 米尔诺 著，赵学志、熊金城 译
9787040502367	数学简史（第四版）	D. J. 斯特洛伊克 著，胡滨 译
9787040477764	数学欣赏（论数与形）	H. 拉德马赫、O. 特普利茨 著，左平 译
9787040488074	数学杂谈	高木贞治 著，高明芝 译
9787040499292	Langlands 纲领和他的数学世界	R. 朗兰兹 著，季理真 选文 黎景辉 等译
9787040312089	数学及其历史	John Stillwell 著，袁向东、冯绪宁 译
9787040444094	数学天书中的证明（第五版）	Martin Aigner 等著，冯荣权 等译
9787040305302	解码者：数学探秘之旅	Jean F. Dars 等著，李锋 译
9787040292138	数论：从汉穆拉比到勒让德的历史导引	A. Weil 著，胥鸣伟 译
9787040288865	数学在 19 世纪的发展（第一卷）	F. Kelin 著，齐民友 译
9787040322842	数学在 19 世纪的发展（第二卷）	F. Kelin 著，李培廉 译
9787040173895	初等几何的著名问题	F. Kelin 著，沈一兵 译
9787040253825	著名几何问题及其解法：尺规作图的历史	B. Bold 著，郑元禄 译
9787040253832	趣味密码术与密写术	M. Gardner 著，王善平 译
9787040262308	莫斯科智力游戏：359 道数学趣味题	B. A. Kordemsky 著，叶其孝 译
9787040368932	数学之英文写作	汤涛、丁玖 著
9787040351484	智者的困惑 —— 混沌分形漫谈	丁玖 著
9787040479515	计数之乐	T. W. Körner 著，涂泓 译，冯承天 校译
9787040471748	来自德国的数学盛宴	Ehrhard Behrends 等著，邱予嘉 译
9787040483697	妙思统计（第四版）	Uri Bram 著，彭英之 译

购书网站：高教书城（www.hepmall.com.cn），高教天猫（gdjycbs.tmall.com），京东，当当，微店

其他订购办法：

各使用单位可向高等教育出版社电子商务部汇款订购。
书款通过银行转账，支付成功后请将购买信息发邮件或
传真，以便及时发货。购书免邮费，发票随书寄出（大
批量订购图书，发票随后寄出）。

单位地址：北京西城区德外大街 4 号
电　　话：010-58581118
传　　真：010-58581113
电子邮箱：gjdzfwb@pub.hep.cn

通过银行转账：

户　　名：高等教育出版社有限公司
开 户 行：交通银行北京马甸支行
银行账号：110060437018010037603

图书在版编目（CIP）数据

中外数学教育纵横谈 / 丘成桐, 杨乐主编. -- 北京:
高等教育出版社, 2022. 1
（数学与人文）
ISBN 978-7-04-056563-8

Ⅰ. ①中… Ⅱ. ①丘… ②杨… Ⅲ. ①数学教学-对
比研究-中国、国外-文集 Ⅳ. ①O1-4

中国版本图书馆 CIP 数据核字（2021）第 152611 号

Copyright © 2022 by

Higher Education Press Limited Company

4 Dewai Dajie, Beijing 100120, P. R. China, and

International Press

387 Somerville Ave., Somerville, MA 02143, U.S.A.

策划编辑	李　鹏
责任编辑	李　鹏　和　静
封面设计	李沛蓉
版式设计	徐艳妮
责任校对	吕红颖
责任印制	刘思涵

出版发行	高等教育出版社
社　　址	北京市西城区德外大街 4 号
邮政编码	100120
购书热线	010-58581118
咨询电话	400-810-0598
网　　址	http://www.hep.edu.cn
	http://www.hep.com.cn
网上订购	http://www.hepmall.com.cn
	http://www.hepmall.com
	http://www.hepmall.cn
印　　刷	北京新华印刷有限公司
开　　本	787mm × 1092mm　1/16
印　　张	9.75
字　　数	170 千字
版　　次	2022 年 1 月第 1 版
印　　次	2022 年 1 月第 1 次印刷
定　　价	39.00 元